수지킴의 도시락 아트

# 수지킴의 도시락 아트

**수지킴** 지음

아라크네

# 아름다운 도시락을 꿈꾸다

"수지야, 너는 미대를 나온 것도 아니고 미술에 대해서 제대로 아는 것도 아니면서 어떻게 이런 예쁜 도시락을 만들게 되었니? 신기하네."

미술을 전공한 내 친구는 언젠가 내게 이렇게 말했다.

"요즘은 미대에서 도시락 만드는 것도 가르치니? 밋밋한 것을 싫어하는 내 성격이 반영된 거지."

작가들이 모두 문예창작과 출신이 아니고 기업체 사장들이 모두 경영학과 출신이 아니듯이 자신의 강점이 적절한 때와 장소를 만나면 무언가 이루어진다고 나는 생각한다.

내 경우도 그랬다. 어렸을 때부터 음악과 패션을 좋아하고 꾸미는 것에 관심이 많았던 아이였다. 어른이 되어서 이런저런 일을 하며 밥벌이를 하다가 우연한 기회에 연예인에게 보낼 도시락을 싸게 되었다. 이왕 하는 것인데 예쁘게 만들어 보자고 했던 것이 소문이 나서 이제 어엿한 직업이 된 것이다.

팝송의 음률 속에서 허우적거리던 중학생 시절, 나는 미국 록밴드 '칩 트릭'에 푹 빠져 있었다. 그들의 소식과 자료를 얻기 위해 중국 대사관 옆에 있는 수입 서적 상가에서 일본 잡지를 사 모았다.

그때가 벌써 30년 전이었고, 당시 일본 잡지 한 권의 가격은 1만 9,000원이었다. 평범한 공무원 가정에서 쉽게 살 수 있는 가격이 아니었다. 나는 잡지 한 권을 사기 위해 눈물을 머금고 군것질을 참아내야 했다.

매달 한 권, 두 권 잡지를 사며 수입 서적 가게를 드나들다 보니 다른 잡지책들도 눈에 들어오기 시작했다. 음악에서 시작된 관심이 패션, 인테리어, 만화로 확장되었다. 내 눈에는 일본 잡지 속의 신세계가 펼쳐지기 시작했다.

나는 점차 가수보다는 패션과 인테리어에 매료되었다. 나무 바닥에 하얀 천으로 인테리어를 한 내 방을 갖는 것이 나의 꿈이 되었다. 그 꿈을 위해 고등학교 3년 동안 어머니가 적금 들라고 준 돈을 모두 잡지 사는 데 써 버렸다. 그러나 결국 그 책들은 어머니에게 들켜 폐기처분되고 나는 빗자루 찜질을 당하고 말았다.

하지만 그 책들이 오늘의 나를 있게 해 준 자양분임에 틀림없다. 초등학교 때부터 나를 따라 잡지를 보며 예사롭지 않은 감각을 갖게 된 여동생도 그때를 떠올리며 내게 고마워한다.

또 하나 빠질 수 없는 나의 자양분은 만화다. 일본 잡지를 보며 자연스럽게 일본 만화에 관심이 생겼다. 그림에 꽤 소질이 있던 나는 취미 삼아 만화 속 주인공들을 신나게 그렸다. 만화에 빠진 내게 어느 날 한 친구가 김동화 작가의 책을 소개해 주었다. 「아카시아」 「우리들의 이야기」 등을 보며 서정적인 감성과 그림에 반한 나는 곧 김동화의 열렬한 팬이 되었다.

급기야 여름방학 때 친구와 김동화 작가의 문하생이 되고자 가출을 감행하기에 이르렀다. 김동화 작가의 집을 어떻게 찾아갔는지는 기억이 나지 않지만 그곳에서 문하생들이 열심히 줄을 긋고 있었던 모습은 아직도 생생하게 기억난다. 30cm 자를 들고 줄만 그어 대는 모습이 어린 마음에 의아스러웠지만 김동화 작가가 내어 준 시원한 사이다를 마시며 그저 좋았다. 김동화 작가는 우리 둘이 너무 어리다고 생각했는지 이렇게 말하고 우리를 집으로 돌려보냈다.

"만화가는 그림만 잘 그린다고 되는 게 아니야. 공부도 많이 해야 하고, 책도 많이 읽어야 하고, 경험도 풍부하게 쌓아야 한단다."

비록 5시간의 짧은 가출이었지만 만화를 그리는 일이란 테크닉만 가지고 되는 것이 아님을 깨달았다. 그 속에 담길 이야기, 감동, 표현은 손끝에서 나오는 것이 아니니까 말이다.

'이야기가 담긴 도시락'이라는 수지킴 도시락의 모토는 그날 김동화 작가의 충고 덕분인지도 모르겠다.

'5시간 가출 사건' 이후 만화가의 꿈은 접었지만 불현듯 새로운 꿈이 생겼다. 바로 선물 가게 주인이 되는 것이었다.

내가 다니던 고등학교 앞에 선물 가게가 있었다. 긴 생머리의 아가씨가 주인이었다. 그 가게에는 헬로키티부터 마이멜로디, 홀마크 카드까지 당시 유명했던 아기자기하고 예쁜 물건은 다 있었다.

내가 제일 부러웠던 사람은 전교 1등도 아니고, 부잣집 친구도 아닌 바로 그 언니였다. 나는 친구들과 매일 가게에 출근하다시피 했고, 주인 언니와 친해져서 가끔씩 대신 가게를 봐 주기도 하였다. 세상의 예쁜 소품을 다 가진 듯한 주인 언니는 포장도 눈이 휘둥그레질 정도로 예쁘게 하였다. 그때 부러움에 따라 했던 경험이 지금 많은 도움이 되는 것은 당연하다. 정말 그때 자본이 있었다면 난 선물 가게를 차렸을 것이다.

졸업을 한 후 선물 가게 주인의 꿈도 희미해지고 그냥 현모양처가 되는 것이 내 소망이 되어 버렸다. 내 손재주와 감각을 현실적으로 발휘할 수 있는 일은 현모양처뿐이라고 생각했다. 내 취향대로 멋지게 꾸민 집에서 가족들에게 예쁜 옷을 입혀 출근시키고 등교시키는 꿈. 물론 새벽부터 밤늦게까지 일하는 지금 처지로 보면 고상한 현

모양처의 꿈 역시 이루지 못하였다. 하지만 그 많은 꿈들이 모두 모여 이렇게 도시락이라는 결과물로 다가온 것을 보면 난 모든 꿈을 이룬 것인지도 모르겠다.

팬들이 스타에게 보내는 응원의 도시락, 자녀가 부모에게 드리는 감사의 도시락, 연인에게 보내는 사랑 또는 화해의 도시락을 싸면서 저도 함께 울고 웃습니다. 사연 있는 도시락, 독자 여러분도 함께 만들어 보시겠어요?

2012년 가을에
수지킴

# Contents

PART 3

작품 같은 도시락, 나도 만들 수 있어 정성 가득한 바느질, 패브릭, 리본, 포장법 craft

*Epilogue*

● **SPECIAL 특별부록**

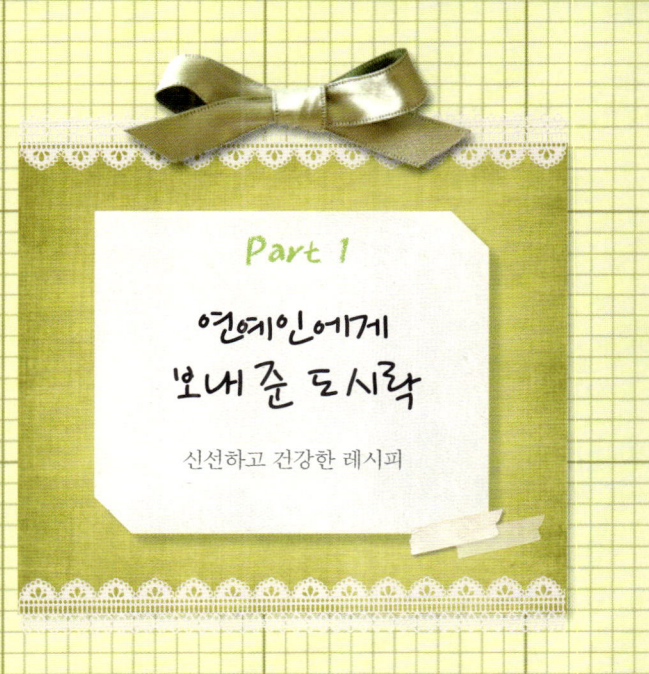

Part 1

# 연예인에게 보내 준 도시락

신선하고 건강한 레시피

# 강호동 도시락

여러 번의 시행착오 끝에 천으로 감
싸고 꾸민, 누구도 만들지 않았던 도
시락통도 완성하였다. 결과는 만족
스러웠다.

많은 사람들이 내가 어떻게 도시락을 만들게 되었는지, 어떻게 이 일이 사업으로까
지 확장되었는지 궁금하게 여긴다. 이 일은 사실 '우연한 계기'로 시작되었다.

2010년 7월에 나는 경기도 퇴촌에서 삼계탕을 팔고 있었다. 경치 좋은 곳에 평상 깔
아 놓고 하는 한철 장사였다. 하지만 어린 딸들까지 동원해야 할 정도로 손님은 바글
바글했다. 그러던 어느 날 미국에 사는 친한 동생이 전화를 했다.

"언니, 나다. 뭐하나? 닭 파나?"
"닭 판다. 닭들도 삶아지고 나도 더위에 푹푹 삶아진다. 왜?"
"언니, 내가 호동 오빠 좋아하는 거 알지, 곧 호동 오빠 생일이야. 호동 오빠
   도시락 좀 싸주라."
"강호동이 널 알아? 네가 왜 강호동 도시락을 신경 써? 네가 마누라야?"
"돈 남들만큼 줄게. 도시락 100개만 만들어 줘."

이것이 내 도시락 인생의 시작이었다.

일단 수락은 했지만 100인분의 도시락을 1주일 안에 혼자서 다 만들어야 한다는 사실을 깨닫고는 덜컥 겁이 났다. 메뉴도 도시락통도 어떻게 해야 할지 막막했다. 일단 나는 도시락통을 알아보기 위해 곳곳을 뒤지기 시작했다. 그러다가 방산시장에서 마음에 드는 도시락통을 발견했다. 바로 지금 사용하고 있는 대나무 도시락통이었다.

도시락통이 결정되자 즉시 아이디어가 떠오르기 시작했다. 고기를 좋아하는 강호동과 출연진들의 도시락 메뉴는 갈비와 연잎밥으로 결정하였다. 제작진에게는 수제 햄버거를 만들어 주기로 하였다. 나는 질 좋은 재료를 준비하기 위해 열심히 발품을 팔았다. 산지까지 가서 생연잎을 사 오고, 토마토 하나까지도 유기농으로 준비하였다.

여러 번의 시행착오 끝에 천으로 감싸고 꾸민, 누구도 만들지 않았던 도시락통도 완

성하였다. 결과는 만족스러웠다.

손바느질까지 하면서 젓가락 주머니를 만들고, 음식을 담고, 스티커를 붙이며 며칠 밤을 꼬박 새웠다. 그러고 나서야 가까스로 날짜를 맞출 수 있었다. 난 비록 탈진해서 쓰러졌지만 도시락을 부탁했던 동생과 강호동 팬클럽은 내 도시락을 무척 마음에 들어 했다. 강호동과 스태프들도 만족하였다는 소식도 들었다.
이때 이후로 내 도시락이 입소문을 타면서 문의가 들어오기 시작하였다. 꾹꾹 눌려 있던 내 재능이 도시락 아트라는 분출구를 만난 순간이었다.

▲ 강호동 생일 기념 스티커를 제작하여 만든 디저트 용기

▲「스타킹」 제작진들을 위해 직접 제작한 'S' 로고 도시락

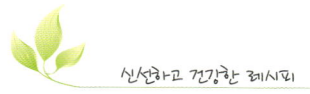

# 보기만 해도 건강해지는

# 연잎밥

연잎은 장수, 건강, 명예를 상징한다. 연잎의 주성
분은 탄수화물이지만 비타민 B와 철분도 함유되어
있다. 또한 단백질과 지방이 풍부하여 저혈압에 좋
은 자양강장 식품이다.

# *Recipe*

● **재료**  연잎, 찰밥, 은행, 대추, 구기자 등 각종 약재

● **방법**

1.

2.        3.        4.

 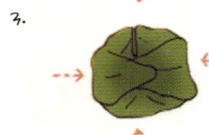 

**1**   찹쌀을 넣어서 지은 찰밥을 준비한다. 기호에 따라 찰밥에 율무, 보리, 수수 등의 잡곡을
섞어도 좋다.

**2**   연잎을 잘 펴서 그 위에 찰밥과 각종 약재들을 함께 얹는다.

**3**   연잎으로 밥을 잘 감싼다.

**4**   찜통에 넣고 30분 정도 찐다.

## #. Sujikim's Tip

좋은 연잎일수록 밥에 향과 색이 잘
밴다. 연잎은 냉동 보관해 두고 필
요할 때마다 꺼내 써도 된다.

# 원빈 도시락

도시락 배달을 약속한 날 아침, 준비된 도시락을 차에 싣고 남편과 함께 촬영장으로 향하였다. 가는 내내 떨리는 마음으로 원빈의 얼굴만이라도 꼭 보게 해달라고 기도하였다.

도시락 주문을 본격적으로 받으면서 꼭 주문을 받고 싶은 연예인이 있었다. 그가 바로 원빈이다. 생각만 해도 가슴이 두근거릴 정도로 좋아하는 연예인이라서 방송에서 인터뷰를 할 때마다 늘 내 꿈은 원빈의 도시락을 싸는 것이라고 이야기했을 정도다.

뜻이 있는 곳에 길이 있다고 했던가. 드디어 원빈의 도시락 주문이 들어왔다. 원빈의 CF를 촬영하는 회사에서 도시락 주문을 한 것이었다. 주문 전화를 받은 나는 흥분을 감추지 못하며 발을 동동 굴렀다.
일단 그림을 담당하는 둘째 딸에게 원빈의 그림을 부탁한 뒤 메뉴를 구상하기 시작하였다. 원빈에게 최고의 음식을 보내겠다는 마음가짐으로 도시락을 준비하였다.

도시락을 싸기 전에 고객의 식성을 파악하는 것은 기본이다. 원빈이 한식과 김치찌개를 특히 좋아한다는 이야기를 들은 나는 한우 미트볼 꼬치, 각종 전, 닭봉구이, 오징어순대, 한우스퀘어를 준비하였다. 원빈의 건강을 위해 꼭꼭 숨겨 두었던 홍삼정과도 꺼냈다.

후식으로는 과일을 준비하였다. 머루포도, 감, 수박, 딸기, 키위, 노지 귤 등을 넉넉하게 채워 넣었다. 메인 메뉴로는 곤드레 나물 현미잡곡밥과 복분자 소스로 구워낸 장어와 불고기를 마련하였다. 거기에 빠질 수 없는 등갈비 김치찌개도 준비하였다.

따로 준비한 간식 바구니에는 음료와 컵케이크, 과자 등을 꾹꾹 눌러 담았다. 비용이 문제가 아니었다. 나는 원빈에게 도시락만 보내는 것은 도리가 아니라고 생각하며 라넌큘러스, 보라색 장미, 아네모네, 양란 등으로 꽃바구니를 만들었다. 여기에 노골적인 사심을 담은 메모도 함께 넣었다. 이때부터는 내가 주문을 받아서 하는 건지, 단지 팬으로서 하는 건지 헷갈릴 정도였다.

둘째 딸이 그린 원빈의 그림은 무척 근사하였다. 그림 속의 원빈을 보며 나는

'고마워하지 않아도 돼요. 좋아서 하는 일인 걸요.'

라고 혼자 속으로 중얼거리며 드라마를 찍고 있었다.

도시락 배달을 약속한 날 아침, 준비된 도시락을 차에 싣고 남편과 함께 촬영장으로 향하였다. 가는 내내 떨리는 마음으로 원빈의 얼굴만이라도 꼭 보게 해달라고 기도하였다. 촬영장에 도착하자마자 나는 도시락을 남편에게 들려 보내고 먼 곳에 숨어 원빈이 나타나기만을 기다렸다. 1월의 추운 공기 속에서 두 시간 동안 추위와 사투를 벌인 끝에 드디어 원빈을 볼 수 있었다.

아, 그는 멀리서 봐도 마치 한 송이 라넌큘러스 같은 멋진 사람이었다. 원빈은 곧 메이크업 차량 안으로 사라졌지만 그래도 소원을 푼 기분이었다. 돌아오는 차 안에서 나는 만면에 미소를 머금은 채 잠이 들었다.

"고마워하지 않아도 돼요. 좋아서 하는 일인 걸요."

★ ★ ★
리본으로 더 예쁘게

리본을 잘 활용하면 훨씬 더 예쁜 도시락을 만들 수 있다. 닭봉구이 손잡이 부분에 예쁜 리본을 둘러 손에 기름이 묻지 않도록 했다. 꼬치 막대기 끝에도 작은 리본을 매달아서 앙증맞은 느낌이 들도록 했다.

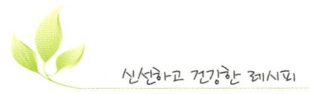

# 맛과 멋, 영양까지 갖춘
# 한우 스퀘어

동의보감에는 한우가 소화기를 튼튼하게 하고 구토와 설사를 멈추게 하며 당뇨와 부종에도 좋다고 하였다. 한우스퀘어는 양질의 단백질이 풍부한 한우에 야채를 곁들여 간편하게 먹을 수 있는 음식이다.

## *Recipe*

● **재료**   한우, 버터, 시즈닝, 피망, 브로콜리, 파인애플, 꼬치 등

● **방법**

1.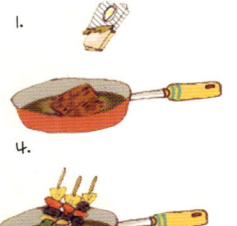

2.

3.

4.

5.

**1**   버터를 바른 프라이팬에 한우를 굽는다.

**2**   한우에 시즈닝을 뿌려준다.

**3**   손질한 재료들을 한우와 함께 꼬치에 끼운다.

**4**   3을 데운다는 느낌으로 프라이팬에서 살짝 굽는다.

**5**   유산지와 리본으로 데코레이션을 한다.

### #. Sujikim's Tip

한우는 특히 육질이 부드러운 살치살이나 치맛살을 쓰면 좋아요. 꼬치에 끼울 때는 채소 색깔을 빨강, 초록, 노랑으로 맞춰주면 예뻐요.

## 03. 해내거나 못 해내거나
# 유아인 도시락

1t 트럭에 영화 「완득이」현수막까지 두르고 손을 흔들며 떠나는 팬들을 배웅하고 나자 갑자기 피로가 엄습해 오면서 헛구역질까지 났다. 이런 큰 일을 겪고 나자 어지간한 주문은 어려움 없이 해낼 수 있는 자신감과 요령이 생겼다.

강호동 도시락 이후 도시락 주문과 문의가 들어오기 시작했다. 하지만 일로 삼을 생각도 없었고 당장 급한 삼계탕 장사 때문에 모든 주문을 고사했다. 그 후 여름 삼계탕 장사를 끝내고 서울로 돌아와 잠시 쉬고 있을 때 '트랙스'에게 줄 도시락 주문이 들어온 것을 계기로 본격적인 도시락 사업에 나서게 되었다.

연예인뿐 아니라 다양한 방송인의 팬들이 도시락을 주문하였고, 내가 방송에 출연한 것을 계기로 일반인들의 주문도 폭주하기 시작했다. 도시락통을 혼자서 일일이 수작업으로 만들고 음식까지 하다 보니, 바로 배송되어야 하거나 수량이 많은 주문은 도저히 감당할 수 없었다. 그래서 나는 블로그에 긴급공지를 올렸다.

'낱개는 3일 전, 10개 이상은 1주일 전, 50개 이상은 2주일 전 주문 바랍니다.'

공지를 올린 후 조금 여유가 생겼지만, 대량 주문은 여전히 벅찼다. 그 중 가장 기억에 남는 것은 탤런트 유아인의 도시락이었다.
연예인 도시락은 주로 팬클럽 회원들이 돈을 모아 운영진이 주문을 하는 형태이다.

그러나 유아인 도시락은 소수의 팬이 스태프 도시락만 140개에 이르는 대량 주문을 하였다.

보통은 연예인의 도시락만 수제 도시락통으로 하고, 스태프들의 도시락은 플라스틱 도시락통을 쓰는 게 일반적이지만, 이번 경우에는 스태프들의 도시락까지 고가의 수제 도시락통으로 제작해야 하는 상황이었다.

엎친 데 덮친 격으로 다른 주문과 배송일이 겹쳐 200여 개의 도시락을 한꺼번에 준비해야 했다. 눈앞이 캄캄했다.

'오~ 신이시여, 저를 시험하시나이까? 저 시험 싫어하는 거 아시잖아요!'

그러나 피할 수 없는 시험이기에 눈물이 날 것 같았다. 하지만 궁하면 통한다는 말처럼 내 앞에 천사가 나타났다. 한 여자분이 찾아와 일을 도우면서 배우고 싶다는 것이었다.

"일이 힘들 텐데 괜찮으시겠어요?"
지푸라기라도 붙잡고 싶은 심정이었지만 일단 솔직하게 이야기를 하였다. 다행히도 그 분은 이틀 밤을 꼬박 새워가며 열심히 도와주었다.
우선 정말로 커다란 랍스터를 준비했다. 장어, 닭다리, 떡갈비, 현미잡곡밥, 오징어순대, 데친 주꾸미, 두릅나물초회, 불고기 등을 삼족오 문양이 새겨진 단아한 도시락통에 담았다. 그리고 왕관을 삐딱하게 쓴 유아인 피규어로 장식했다.

1t 트럭에 영화 「완득이」현수막까지 두르고 손을 흔들며 떠나는 팬들을 배웅하고 나자 갑자기 피로가 엄습해 오면서 헛구역질까지 났다. 이런 큰일을 겪고 나자 어지간한 주문은 어려움 없이 해낼 수 있는 자신감과 요령이 생겼다.

여담이지만 이틀 밤을 샌 후 연락이 끊겼던 여자분은 한 달 만에 전화를 해서 너무 힘들었다고 하소연을 하였다.

'죄송합니다. 모처럼 일 배우러 오셨는데. 이 일이 이렇답니다.'

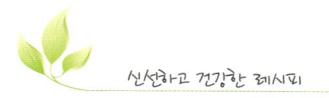

# 저절로 힘이 솟는
# 복분자장어 덮밥

● 장어는 허약 체질인 사람에게 무척 좋은 음식이다. 그리고 복분자는 노화 방지와 피부 미용에 효과가 있다. 이 들을 함께 먹으면 스태미너 증강에 많은 도움이 된다.

# *Recipe*

● **재료**　장어, 복분자소스, 치커리, 닭봉 등

● **방법**

1. 　　2. 　　3.

**1**　반조리된 장어에 복분자 소스를 발라 조린다.

**2**　적당한 크기로 잘라 밥 위에 올린다.

**3**　치커리, 닭봉 등으로 데코레이션을 한다.

　　(생강초, 달걀말이, 방울토마토, 대하구이 등을 곁들여도 좋다.)

**#. Sujikim's Tip**

복분자 소스로 구우면 민물장어 특유의 비린
내가 사라진다. 복분자 소스는 복분자와 설탕
을 1:1 비율로 재워놓고 3개월 후에 쓰면 된다.

▲ 통은 우아하게

◀ 음식은 정갈하게

### ★★★ 품격 있는 수제 도시락통

품격 있는 분위기를 내려면 수제 도시락통을 준비하는 것이 좋다. 금빛이나 은빛 바탕에 삼족오나 봉황 등의 문양

을 넣어 주면 도시락통이 한층 우아해진다. 도시락 싸는 보자기도 통과 어울리는 것으로 준비한다.

# 소녀시대 도시락

부자재를 사기 위해 동대문시장을
세 바퀴나 돌다가 문득 브로치를 발
견하였다. 기존에 도시락 뚜껑에 연
예인 그림이나 사진을 붙이던 것과
뭔가 다른 것을 만들 좋은 아이디어
가 떠올랐다.

연예인 도시락 주문의 대부분은 역시 아이돌 가수를 위한 도시락이다. 나도 아이돌
가수를 좋아해서 신곡이나 활동 상황 등을 관심있게 지켜보는 편이다. 어린 친구들
이 환상적인 군무를 선보일 때면 나도 모르게 환호성을 지른다.
그래서 아이돌 가수 도시락 주문이 들어오면 응원도 해주고 싶고, 공연하느라 밥도
제대로 챙겨 먹지 못한다는 사실을 잘 알기에 영양까지 골고루 챙긴 식단을 꾸려 엄
마의 정성을 느끼도록 노력한다.

소녀시대가 3집 앨범으로 돌아왔을 때 주문이 들어왔다. 앨범 콘셉트가 동화 속 주
인공들이었다. 콘셉트에 맞게 도시락통을 준비해야 하는데 멤버들의 분위기가 모두
달라 여간 까다로운 게 아니었다. 부자재를 사기 위해 동대문시장을 세 바퀴나 돌다
가 문득 브로치를 발견하였다. 기존에 도시락 뚜껑에 연예인 그림이나 사진을 붙이
던 것과 뭔가 다른 것을 만들 좋은 아이디어가 떠올랐다.
브로치 안에 멤버 각각의 사진을 넣고 크리스탈, 진주, 깃털 등으로 장식하여 우아함
과 고풍스러움을 지닌 도시락통을 만든 것이다. 사진이 들어간 브로치는 마치 작은

액자 같은 느낌이었다.

메뉴로는 한약재 우린 물에 담갔다가 구워낸 훈제 치킨, 떡갈비, 단호박밥, 샐러드, 쿠키 등을 준비하였다. 그런데 음식을 한창 준비하고 있던 도중 오랫동안 만성 신부전증으로 투병하시던 어머니가 위독하시다는 연락을 받았다.

나는 한동안 멍하니 서 있었다. 말도 안 듣고 속도 무던히 썩이던 딸이었다. 철없는 딸이 이제야 자기 일을 찾고 자리를 잡아가는데, 제발 잘해내는 모습을 보고 가시라고 기도하였다. 울음을 겨우 참고 병실에 들어서니 어머니는 멀쩡한 얼굴로 나를 쳐다보았다. 가슴을 쓸어내리며 집에 돌아와 다시 음식 준비를 하는데 어머니가 돌아가셨다는 청천벽력 같은 소식이 날아왔다. 장례식장에서 많은 분들이 위로와 격려를 전해 주었다. 그리고 내 일에 대한 응원도 잊지 않으셨다. 하지만 나는 안절부절

## 동화 속 주인공

브로치 안에 멤버 각각의 사진을 넣고 크리스탈, 진주, 깃털 등으로 장식하여 우아함과 고풍스러움을 지닌 도시락
통을 만들었다. 사진이 들어간 브로치는 마치 작은 액자 같은 느낌이었다.

못하고 있었다. 어머니를 잃은 고통도 고통이지만 소녀시대 도시락 배송일이 바로 다음날이었기 때문이다. 조문객이 뜸해진 밤에 나는 가게로 돌아와 밤새도록 음식을 준비했다.

이튿날 모든 준비를 무사히 마치고 소녀시대 팬클럽으로부터 정말 감사하다는 인사를 들으며 일을 마쳤다.

어머니의 장례도 무사히 마쳤다. 어머니를 묻고 돌아오는 길에 나는 눈물을 펑펑 쏟아냈다.

"엄마, 나 잘해낼게.
고마웠어. 잘 가."

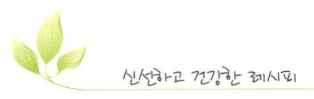

신선하고 건강한 레시피

# 누구에게나 사랑받는
# 떡갈비

떡갈비는 한국을 대표하는 음식이다. 양질의 단백질이 풍부하여 회복기 환자나 산모에게도 좋은 음식이다. 기름기를 제거하고 먹어야 고지혈증, 동맥경화증을 예방할 수 있다.

연예인에게 보내준 도시락

# *Recipe*

● **재료**  소고기 갈비살, 마늘, 키위, 양파, 물엿, 식용유, 후추, 소금, 생강, 배, 다진 파, 참기름, 들기름, 잣가루, 밀가루, 간장

● **방법**

**1**  고기를 물에 담가 핏물을 뺀다.

**2**  기름기와 힘줄을 제거한 뒤 뼈만 남긴 채 살을 발라낸다.

**3**  소갈비살을 칼로 곱게 다진다. 취향에 따라 씹히는 맛이 나도록 크게 다져도 상관없다.

**4**  큰 볼에 다진 파, 마늘, 생강, 배, 키위, 간장, 참기름, 들기름, 물엿, 소금, 후추를 넣고 양념장을 만든다.

**5**  갈비살에 양념을 붓고 끈기가 생기도록 손바닥으로 치면서 고루 섞는다.

**6**  남겨둔 갈비뼈에 밀가루를 골고루 묻힌다.

**7**  5의 양념된 갈비살 반죽을 6의 갈비뼈에 고루 묻힌다.

**8**  위의 작업이 모두 끝난 떡갈비는 적당한 그릇에 담아 냉장고에 넣고 1~2일 정도 숙성시킨 후 굽는다.

**9**  접시에 담은 떡갈비 위에 잣가루를 살짝 뿌려 먹으면 더욱 맛이 좋다.

# 2NE1 도시락

남자 팬들은 섬세함보다는 아이돌을 향한 자신들의 사랑과 정성이 온전히 표현되고 전달되기를 바란다. 준비된 도시락을 가지러 온 남자 팬들은 내게 깊은 감사의 말을 표하며 정성스레 도시락을 들고 돌아간다. 그 설렘 가득한 뒷모습을 보고 있자면 내 가슴이 찡하다.

연예인 팬클럽 회원의 연령층은 다양하다. 그리고 여자뿐만 아니라 남자들로 이루어진 팬클럽도 많다. 아이돌 팬클럽도 마찬가지이다. 흔히 10~20대가 대부분일 것이라고 생각하지만 50대 회원들도 활발하게 활동한다. 도시락을 주문하는 아이돌 팬클럽 회원들은 그렇게 어리지 않다. 이런 선물들을 보내려면 경제력이 있어야 하니까. 남자들로 이루어진 아이돌 팬클럽은 더욱 연령대가 높다.

도시락 주문에 있어서 여자 팬과 남자 팬은 눈에 띄는 차이점이 있다. 여자 팬들은 주문이 꼼꼼하다. "음식은 OO가 좋겠습니다, 이것은 빼 주세요, 저것을 더 해주세요." 하는 식이다.
하지만 남자 팬들은 그런 섬세함보다는 아이돌을 향한 자신들의 사랑과 정성이 온전히 표현되고 전달되기를 바란다. "가격은 상관없으니 잘 좀……." 이런 식으로 말하며 부끄러워하기도 한다. 준비된 도시락을 가지러 온 남자 팬들은 내게 깊은 감사의 말을 표하며 정성스레 도시락을 들고 돌아간다.
그 설렘 가득한 뒷모습을 보고 있자면 내 가슴이 찡하다.

그런 팬들이 2NE1의 '놀자 콘서트'를 위한 도시락을 주문하였다. 나도 여자 아이돌 중에서는 2NE1의 CL을 제일 좋아하는지라 반가웠다. 그 바람에 딸은 결국 몸살이 나서 학교를 쉬고 말았다.

음식은 연잎밥, 떡갈비, 훈제닭다리 오븐구이, 닭다리 샐러드, 닭가슴살, 단호박 샐러드 등을 준비하였다. 팬들이 준비한 선물도 함께 넣어서 팬의 사랑이 드러나도록 예쁘고 정성스럽게 포장까지 마쳤다.

보통 배달은 남편이 혼자 하지만, 내가 좋아하는 연예인의 도시락 배달에는 꼭 따라나선다. 이번에도 노란 앞치마를 그냥 두른 채로 따라갔다. 콘서트 장소에 가 보니 축하 화환이 줄지어 서 있었고, 기자들도 많이 보였다. 차에서 도시락을 내리고 있는데 2NE1의 밴이 도착하였다.

나는 재빠르게 다시 차에 올라타 파파라치로 변신하였다. 사진기가 보이면 경호원들이 제지를 하기 때문이었다. 기회를 놓칠세라 카메라로 보고 있는데 CL이 눈에 띄었다. 나는 앞뒤 볼 것 없이 차 밖으로 나갔으나 다가가지는 못하고 소심하게 가스통 옆에 숨어서 CL의 모습을 찍었다.

CL은 가스통 뒤에서 사진을 찍느라 낑낑대는 나를 지나쳐 멀어져 갔다. 다급해진 나는 과감히 앞으로 나와서 CL의 뒷모습을 찍었다. 카메라 뷰파인더 속에는 보디가드의 부릅뜬 눈과 저를 똑바로 가리키는 손가락도 보였다.

바람이 불어왔다. 나의 노란 앞치마가 태극기마냥 휘날렸다.

★★★
2NE1 도시락, '예술'이 되다

도시락통에는 2NE1 멤버들의 캐릭터를 붙이고 큐빅 줄을 이용해 화려함을 연출하였다. 다른 통에는 둘째 딸이 그린 멤버들의 그림을 붙였다. 열혈 팬들의 마음을 알기에 다른 때보다도 더욱 높은 수준의 그림이 나오도록 둘째 딸을 채근하였다. 그 바람에 딸은 결국 몸살이 나서 학교를 쉬고 말았다.

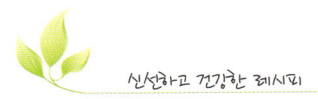

신선하고 건강한 레시피

## 살찔 걱정 없는
# 단호박 샐러드

● 단호박은 저칼로리 식품인 데다가 부종을 제거하는 데 효과가 있어 다이어트에 알맞은 식품이다. 혈당 조절은 물론 노화 방지에도 그만이다.

# *Recipe*

- **재료**  단호박1/4개, 고구마1/2개, 오이1/4개, 샐러드 채소, 발사믹 글레이즈 소스, 잣, 검은깨

- **방법**

**1**  단호박은 세로로 4등분 한다.

**2**  고구마는 한입 크기로 썬다.

**3**  찜기에 단호박을 넣어 단호박 껍질에 젓가락이 들어갈 정도가 될 때까지 찐다.

**4**  3에 썰어 놓은 고구마를 넣고 고구마가 익을때까지 함께 찐다.

**5**  다 익은 고구마는 버터를 두른 프라이팬에 살짝 볶는다.

**6**  껍질을 벗기지 않은 단호박을 맨 먼저 그릇에 담고 그 주변에 오이, 샐러드 채소를 담는다. 고구마는 단호박 위에 올려놓는다.

**7**  발사믹 글레이즈 소스를 뿌리고 잣과 검은 깨로 장식하여 마무리한다.

## #. Sujikim's Tip
칼로리가 낮은 음식이므로 다이어트 하는 분들께 추천합니다.

## 06. 팬들의 마음을 담아
# 2PM 도시락

20여 명이 한꺼번에 모여 작업을 할 수 있는 작업실이 아니어서 여기저기 흩어져서 수다 떨고 웃고 먹으며 작업했던 기억이 떠올랐다. 내가 마치 팬의 한사람인 양, 20대인 양 즐거웠다. 이런 것이 도시락을 만들며 느끼는 즐거움 중 하나다. 잠시나마 젊어지는 것.

걸그룹을 향한 남자 팬들의 간절함, 다시 말해 지금은 잃어버린 풋풋했던 시절의 순정을 되찾으려는 그 간절함에 대해 앞에서 살짝 이야기하였다. 이런 현상에 대해 섹시하고 어린 소녀들에 대한 나이 많은 남자들의 또 다른 성적 판타지가 아니냐는 분석도 있다. 하지만 주문한 도시락을 받아들고 가는 삼촌 팬들의 모습을 곁에서 지켜보는 나는 조금 다르게 생각한다. 그것은 순수 그 자체였다.

하지만 좋아하는 연예인들에 대한 열성은 역시 젊은 여자 팬들을 따라갈 사람이 없다. 직접 도시락 제작 과정에 참여하는 팬들까지 있을 정도니까 말이다. 꼼꼼하게 따져서 주문하는 팬들을 보고 있으면 '보살핌'이라는 말이 떠오른다. 비록 음식을 직접 만들지는 않지만 과정을 하나하나 자신들이 챙겨서 열심히 활동하는 연예인을 지원한다는 개념으로 보이기 때문이다. 남자 팬들의 '사랑을 전한다'라는 의도와는 많이 다르다.

이런 여자 팬들 중에 2PM의 팬들이 기억에 남는다. 2PM이 'Hands Up' 앨범으로 컴백할 때였고 마침 멤버인 닉쿤의 생일도 끼어 있었다. 나도 역시 2PM을 좋아하는

지라 도시락통 콘셉트를 많이 고민하였다. 주문하는 팬들에게 중요한 시기면 내게도 중요한 시기이기 때문이다.

팬들로부터 닉쿤이 빨강을 좋아한다는 이야기를 듣고 모든 멤버들의 도시락통을 빨강 천으로 덮었다. 역시 둘째 딸을 재촉하여 받아 낸 멤버들의 그림을 붙였다. 금색 별을 캐릭터 주위에 배치하고 빨강이 더 돋보이도록 강렬한 검은색 스톤줄을 둘렀다. 팬들이 내가 만든 도시락을 처음 마주할 때 나는 마치 엄마 앞에 무릎 꿇고 앉아서 성적표를 내미는 가련한 소녀의 심정이 된다. 다행히 팬들이 무척 좋아했다.

비가 많이 오고 습한 날씨였기 때문에 메뉴는 잘 상하지 않는 연잎밥으로 결정하였다. 반찬도 볶음류와 장아찌 위주로 하였다. 도시락 음식은 이처럼 날씨도 고려해야 한다. 다른 메뉴로는 소불고기, 무말랭이, 우엉 볶음, 오징어채 볶음, 고춧잎나물, 새우 꽈리고추 볶음, 오리 훈제샐러드, 대하구이, 왕달걀말이 등을 넣었다.

2PM 팬들이 특히 기억에 남는 이유는 20여 명의 팬들이 멤버들에게 전할 기념품, 사탕, 떡, 티셔츠 등을 준비해 와서 밤새도록 함께 도시락을 준비했기 때문이다. 20여 명이 한꺼번에 모여 작업을 할 수 있는 작업실이 아니어서 여기저기 흩어져서 수다 떨고 웃고 먹으며 작업했던 기억이 떠올랐다. 내가 마치 팬의 한 사람인 양, 20대인 양 즐거웠다.

이런 것이 도시락을 만들며 느끼는 즐거움 중 하나다.
'잠시나마 젊어지는 것.'

내 일에 있어서 팬이 차지하는 부분이 크기 때문에 팬에 대해 이야기를 좀 길게 해 보았다. 나 역시도 팬에 대한 팬심으로 사는가 보다.

"아이돌 팬 여러분, 사랑해요!"

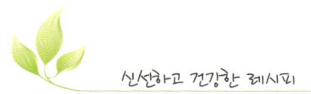

# 엄마의 손맛이 느껴지는
# 왕달걀말이

달걀은 대표적인 완전식품이다. 왕달걀말이는 달걀의 영양을 담고 있을 뿐 아니라 푸짐한 모습과 소박한 맛으로 엄마의 정까지 느낄 수 있게 해주는 음식이다.

# *Recipe*

- ● **재료** 　달걀 10개, 소금, 여러 가지 채소(당근, 양파, 파 등), 식용유

- ● **방법**

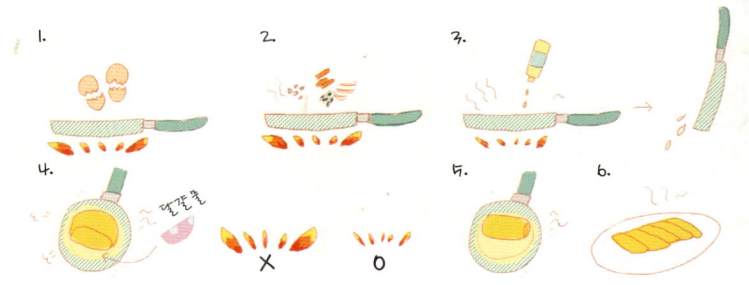

1　큰 그릇에 달걀 10개를 모두 푼다.

2　소금과 다진 채소를 넣고 고루 저어준다.

3　약한 불에 달군 프라이팬에 식용유를 살짝 붓고 달걀 물을 일부만 붓는다.

4　서서히 익기 시작하면 끝부분부터 돌돌 말아주고 빈 공간에 다시 달걀물을 조
　 금씩 부어 가며 말아 주기를 반복한다.

5　골고루 구워졌으면 불을 끄고 식힌다.

6　식은 후 달걀말이를 어슷썰기 해서 접시에 담는다

**#. Sujikim's Tip**

중요한 것은 달걀을 약한 불에 부쳐야
한다는 것이다.

## 07. 정성이 가장 중요하다
# 장근석 도시락

장근석 데뷔 20주년도 기념하는 뜻깊은 도시락이어서 쉽게 생각할 수 없었다. 그래서 둘째 딸도 장근석의 모습을 더욱 더 근사하게 그려 주었다. 그 장근석 그림 위에 한땀 한땀 큐빅을 박아 머리를 장식하고 팔찌를 만들었다.

나는 무언가에 잘 빠진다. 빠지는 대상은 그림, 음악, 만화, 고양이, 영화 등 여러 가지이다. 한 번 무언가에 빠지면 1년 정도는 푹 빠져서 허우적거린다. 그 한 가지에서 빠져나오고 나면 또 다른 무언가에 빠진다. 이 과정이 계속 반복된다.

지금 내가 빠진 대상은 당연히 도시락이다. 이 일은 정해진 휴일이 없다. 명절 때나 주문이 없는 날이 곧 휴일이다. 바쁠 때는 한 달 내내 일하기도 한다.
물론 퇴근 시간도 없다. 아침 일찍 나가야 하는 도시락은 새벽 두세 시에도 일어나 준비해야 하고, 밤늦도록 도시락통도 제작해야 한다. 장도 봐야 하고, 동대문시장에 나가 부자재도 직접 골라야 한다. 무척 고된 일이다.
그래서 주문이 없는 날에는 무조건 밖으로 나간다. 맛집을 찾아가 맛있는 것도 먹고, 삼청동 카페에 앉아 여유를 즐기기도 한다. 이렇게 휴식도 하고, 바깥 구경도 하며 활력을 찾는다. 도시락 만드는 일도 즐겁지만 신선한 외부 자극도 필요하기 때문이다.

사람으로부터 얻는 활력도 무시할 수 없다. 배울 것이 많은 사람 중 한 명이 가수이자 탤런트인 장근석이다. 어렸을 때부터 지금까지 다양하고 활발한 활동을 하고 있는 그를 보면 정말 대단한 젊은이라는 생각이 든다. 게다가 위선이 느껴지지 않는 그의 진솔한 모습을 보면 본받을 만한 사람이구나 싶다. 그래서 국내뿐 아니라 일본 등 아시아에서 인기가 그렇게 많은가 보다. 팬들을 세심하게 배려하기로도 유명하니 장근석의 팬들은 참 행복할 것 같다.

'2012 장근석 아시아 투어 THE CRI SHOW 2 IN SEOUL' 콘서트가 열릴 때였다. 팬클럽에서 도시락 주문이 들어왔다. 전에도 장근석 도시락을 만든 적이 있었는데 또다시 주문이 들어와서 기뻤다.

장근석 데뷔 20주년도 기념하는 뜻깊은 도시락이어서 쉽게 생각할 수 없었다. 그래서 둘째 딸도 장근석의 모습을 더욱 더 근사하게 그려 주었다. 그 장근석 그림 위에 한땀 한땀 큐빅을 박아 머리를 장식하고 팔찌를 만들었다. 그를 상징하듯 빛나는 은색 별도 붙였다. 바로 무대 위로 달려 나갈 것 같은 모습이었다.

▲ 「너는 펫」 영화 촬영 당시의 장근석 도시락

▲ 좋아하는 누군가를 위해 도시락을 꾸미는 일은 그 자체로 행복이다.

**1** 얼굴의 전체적인 윤곽을 잡아 준다.

**2** 손, 발 등 신체 일부분을 세밀하게 제작한다.

**3** 제작해 놓은 신체 부분을 이쑤시개를 이용, 고정시켜 준다.

**4** 사진을 보고 또 보아 가며 최대한 특성을 살려 형태를 완성시킨다.

**5** 물감, 붓을 이용하여 색칠해 준다.

**6** 완성된 피규어.

## 주인공을 위한 피규어

도시락의 주인공에게 특별한 날이라면 특별한 장식을 준비하자. 주인공을 멋지고 익살스럽게 꾸며낸 피규어라면 감동이 백배! 피규어를 잘 만들 자신이 없다면 주변의 미술 전공자 등에게 조언을 구하는 것도 좋다.

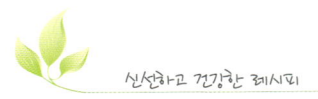

# 한국인의 입맛에 딱 맞는
# 멍석말이 소갈비

멍석말이 소갈비는 한국의 맛을 가장 잘 느낄 수 있는 음식 중 하나이다. 소갈비의 풍부한 영양을 모두 담고 있을 뿐 아니라 간장의 깊은 풍미로 인해 더욱 맛있게 즐길 수 있다.

# *Recipe*

- ● **재료**  소갈비, 간장, 굴 소스, 유자청, 매실즙, 인삼, 생강즙, 마늘, 키위

- ● **방법**

**1**  소갈비는 물에 담가 핏물을 빼서 준비한다.

**2**  간장, 굴 소스, 마늘, 유자청, 매실즙을 1:1:1:1:2의 비율로 섞어 양념장을 만든다.

**3**  소갈비에 양념장과 더불어 생강즙, 키위를 넣고 30~40분정도 재워 놓는다.

**4**  냄비에 재운 고기를 넣고 끓인다.

**5**  고기가 어느 정도 익어 갈 때 인삼 1뿌리를 넣고 조려 준다. 인삼의 쌉쌀한
맛이 고기 맛을 더해 준다.

## #. Sujikim's Tip

조리 과정은 간단하지만 고급스러운 맛을
즐길 수 있다.

# 든든한 해물영양밥

전복, 주꾸미, 새우 등의 해물과 함께 대추, 버섯 등 몸에 좋은 재료를 넣어 해물영양밥을 짓는다. 밤과
단호박 등을 넣어 단맛을 가미해도 좋다. 해물영양밥만으로도 단백질, 칼슘, 철분 등 영양소가 풍부해
활동이 많은 사람들에게 안성맞춤이다.

 입맛을 돋구는 사이드 메뉴

**1** 타우린이 풍부한 오징어순대

**2** 신선한 채소를 넣은 새우 스프링롤

**3** 모차렐라 치즈를 통째로 썰어 넣은 연어 샐러드

◆ 해물영양밥에 모차렐라 치즈를 통째로 썰어 넣은 연어 샐러드, 신선한 채소를 넣은
새우 스프링롤, 인삼을 넣은 멍석말이 소갈비, 연어구이, 오징어순대, 장어구이를 듬뿍
넣었다. 그리고 명란젓, 김 장아찌, 김치볶음, 참나물 무침, 더덕 장아찌, 멸치볶음으로
구성한 유기농 반찬 세트를 곁들었다.

## 08

달콤한 도시락 아트
# 이승기 도시락

이승기는 늙지 않았으면 좋겠다는 생각을 늘 했다. 하지만 그도 늙어가겠지? 언젠가는 잊혀지겠지? 이젠 슬퍼하지 않을 것이다. 늙어도 좋을 사람이니까. 영원히. 그래, 이 아름다운 청년을 위해 열심히 도시락을 싸자.

누구나 우울한 날이 있다. 몸은 아파서 팅팅 붓고, 만사가 귀찮고, 주문도 없던 어느 날이었다. 석 달 전, 더 늙기 전에 봐야 한다는 동생의 성화에 못 이겨 예매해 둔 '듀란듀란'의 공연이 있던 바로 그 날이었다. 부스스한 몰골로 남편과 함께 공연장으로 갔다. 듀란듀란은 소녀 시절 그렇게 좋아하던 팀은 아니었다. 물론 당시 인기 절정의 꽃미남 밴드라 호감은 있었지만.

공연장은 관객들로 만원이었다. 40대 이상이 대부분이었다. 듀란듀란의 신곡으로 공연이 시작되었다. 나는 앞자리에 앉았기 때문에 그들의 얼굴을 또렷이 볼 수 있었다. '헉! 늙었다!' 나는 나이들고 살까지 찐 멤버들의 모습을 보며 충격에 휩싸였다. '저런 가수들도 늙는구나.' 우울 좀 털어보려 왔건만 더 우울해졌다.

하지만 그들의 히트곡이 하나둘 들려오니 아련한 옛 추억이 떠올랐다. 그러자 갑자기 눈물이 뚝뚝 흘러내렸다. 가슴이 벅차오르고 함께 늙어가는 듀란듀란이 고마웠다. 나도 모르게 노래를 따라 부르더니 자리에서 일어나 박수까지 치기 시작했다. 나 자신을 주체 못하며 공연 내내 그들과 하나가 되어 마음껏 소리를 질렀다.

가수 이승기 팬들의 도시락 주문이 들어왔다. 주문을 받고 이승기라는 청년을 생각했다. 선한 외모에 미소 짓는 모습이 아름다운 청년이다. 이승기는 늙지 않았으면 좋겠다는 생각을 늘 했다.

하지만 그도 늙어가겠지? 언젠가는 잊혀지겠지? 이젠 슬퍼하지 않을 것이다. 늙어도 좋을 사람이니까. 영원히. 그래, 이 아름다운 청년을 위해 열심히 도시락을 싸자.

이승기가 벌써 데뷔 7주년이란다. 팬카페의 상징색이 민트색이라 민트색을 주로 하여 축하 케이크 콘셉트의 도시락통을 만들기로 하였다. 하지만 120인분의 도시락을 싸야 하는데 민트색 부자재 확보하기가 너무 힘들었다. 시작부터 난관이었다. 유부초밥과 쌈밥은 생각보다 시간이 많이 걸리기 때문에 대량 주문 시에는 피하는데 이날은 무슨 바람이 불었는지 이 두 가지 메뉴마저 포함시키고 말았다.

'이승기 데뷔 7주년 기념'

▶

팬카페의 상징색이 민트색이라 민트색을 주로 하여 축하 케이크 콘셉트의 도시락통을 만들기로 하였다.

그리고 메인 요리로 버섯 햄버그스테이크와 연어 찌라스시 덮밥을 준비하였다. 여기에 잡곡현미밥, 보쌈김치, 양념고추 볶음, 더덕장아찌, 오이지 무침, 우엉채 볶음, 칠리새우, 고구마 튀김, 장어구이, 훈제닭다리까지 마련하였다. 스태프들을 위해서는 유부초밥, 쌈밥, 닭봉구이, 샌드위치를 준비하였다. 정말 이때처럼 힘든 적도 없었던 듯하다.

어렵게 시간 맞춰 도시락을 만들고 배송까지 끝나서 한숨 돌리고 있는데 갑자기 연락이 왔다. 샌드위치가 모자란다는 날벼락 같은 소식이었다. 2시간 안에 샌드위치 100인분을 만들어야 했다. 전화만 하면 거래처에서 식재료와 부자재를 뚝딱 갖다 주는 것이 아니라, 내가 직접 발품을 팔며 사다 놓는 재료들이기 때문에 난리가 난 것이다. 나는 수강생들과 힘을 모아 온 동네의 빵과 야채들을 쓸어모았다.

그리고 이번 주문도 무사히 마무리.

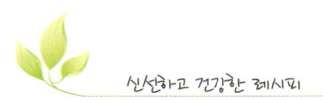

간편하고 맛있는
# 고구마튀김(고구마맛탕)

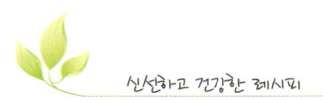

● 고구마는 혈액순환에 좋은 식품이다. 식이섬유가 풍부하여 몸 속 노폐물 배출과 다이어트에도 효과 만점이다. 고구마 튀김은 고구마를 간식으로 더 맛있게 즐길 수 있는 요리이다.

## *Recipe*

● **재료**   고구마 2개, 식용유, 황설탕, 물엿, 버터, 검은깨

● **방법**

**1** 깨끗이 씻은 고구마를 껍질을 벗겨 한입에 쏙 들어가는 크기로 썬다.

**2** 자른 고구마를 찬물에 10분 정도 담가 전분기를 뺀 후 체에 받쳐 물기를 완전히 뺀다.

**3** 물기를 뺀 고구마를 프라이팬에 넣고 약한불에 볶듯이 저어가며 물기를 완전히 제거한다.

**4** 식용유를 3분의 1컵 정도 넣고 중불 상태로 뚜껑을 덮어서 튀긴 듯 구워지면 뚜껑을
  열고 뒤집어서 바삭하게 구워낸다.

**5** 다 구워진 고구마를 키친 타올에 올려서 기름기를 뺀다.

**6** 프라이팬에 황설탕을 넣고 완전히 녹인 후 버터 한 조각을 넣어 향을 낸다.

**7** 기름기 뺀 고구마를 프라이팬에 넣고 시럽이 골고루 입혀지도록 섞은 뒤, 검은 깨를
  넣고 재빨리 섞은 후 불을 끈다.

## 09

수지킴의 도시락에는
특별한 것이 있다
# 샤이니 도시락

딸과 함께 만든 샤이니 도시락은 사진을 붙여 꾸몄다. 멤버들의 사진과 여러 조각을 낸 사진을 붙여 샤이니와 잘 어울리도록 팝아트 느낌이 강한 도시락을 만들었다. 딸과 친구의 작업하는 모습을 보니 왠지 내 뒤를 이을 것 같다는 생각이 들었다.

어머니 독자들은 자녀들의 스타 사랑을 어떻게 생각할까? 그냥 좋아하는 거야 괜찮지만 콘서트마다 따라다니고, 기획사에도 찾아가고, 선물을 보내는 것은 별로 좋아하지 않을 것이다. 나도 예전에는 그랬다. 그래서 딸들이 자기들끼리 몰래 쉬쉬하며 다녔다고 한다.
하지만 아이돌 팬들의 도시락을 만드는 일을 하면서 나는 적극적으로 딸들을 지원하고 있다. 공연 표를 예매해 주기도 하고 심지어 같이 가기도 한다.

어느 날 딸들이 샤이니의 공연을 보고 온 적이 있었다. 보통은 좌석을 예매했는데, 이번에는 스탠딩 티켓으로 예매를 해서 갔다고 하였다. 스탠딩은 말 그대로 서서 공연을 보기 때문에 인파에 이리 밀리고 저리 밀리게 된다. 그래서 나와 같은 중년들에게는 버티기 힘든 곳이다. 아니나 다를까 공연 시작 후 얼마 안 되어 몸집이 마른 첫째 딸과 셋째 딸은 뒤로 빠질 수밖에 없었다고 한다. 다음 날 둘은 갈비뼈가 아프다며 드러누워 버렸다. 어휴, 이 약골들.
하지만 도시락통에 붙이는 그림을 담당하는 둘째 딸은 객석에 가득 찬 다른 팬들의 압박을 견뎌내며 공연 내내 앞자리를 사수하였다고 한다. 그러나 꿋꿋했던 둘째 딸도 샤이니의 민호가 공연 도중 웃옷을 벗자 더욱 열광하는 열성팬들의 압박은 견디기 힘들었던 모양이다. 내장이 터지는 줄 알았다나 뭐라나.

샤이니가 미니앨범 '셜록'으로 컴백하여 방송에 출연하는 날, 샤이니의 멤버 태민의 일본 팬들이 도시락을 주문하였다. 일본에서 직접 간식과 홍차 등을 챙겨 온 열성팬들이었다. 도시락에 붙일 스티커와 멤버들에게 보낼 카드도 일본에서 챙겨왔다. 벚꽃 모양의 초콜릿은 어찌나 예쁘던지. 규동 위에 뿌려 먹는 시치미까지 준비해 온 것을 보고 일본 팬들의 꼼꼼함에 새삼 놀랐다.

메인 메뉴는 등심 스테이크와 전복이
었다. 밥은 유기농 쌀과 유기농 납작
보리로 지어서 규동을 만들었다. 그
리고 순무김치, 말린 오징어조림, 쥐
눈이콩자반, 세발나물 겉절이, 두부어
묵볶음을 반찬으로 마련하였다. 뜨거
운 밥과 국은 바로 보온팩으로 싸서
아이스박스에 넣었다.

이번 도시락통 제작은 둘째 딸과 딸의
친구가 애를 써 주었다. 인체 해부에
밝은 딸의 친구가 태민의 피규어 제작
을 담당하였다. 완성품을 보니 매우
섬세하게 잘 표현되어 있었다.
딸과 함께 만든 샤이니 도시락은 사진
을 붙여 꾸몄다. 멤버들의 사진과 여
러 조각을 낸 사진을 붙여 샤이니와
잘 어울리도록 팝아트 느낌이 강한 도
시락을 만들었다. 딸과 친구의 작업
하는 모습을 보니 왠지 내 뒤를 이을
것 같다는 생각이 들었다. 너희들 정
말 잘한다. 이러다가 도시락이 앞
으로 한류상품 되는 거 아냐?

◀ 미니 앨범「샤록」콘셉트의 태민 피규어

### ⭐⭐⭐ 샤이니 태민, 민호 티셔츠 전사지

둘째 딸의 손그림. 너무 예쁘게 그려져서 우리끼리 입기가 아까워 티셔츠 이벤트를 하였다. 이벤트 주제는 '샤이니가 좋은 이유 10가지'. 샤이니의 팬이라면 100가지 쓰는 것도 어렵지 않겠지만…….

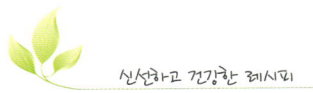

# 맑은 피부를 위한
# 연어 샐러드

연어의 붉은 살에 함유된 아스타크산틴은 혈액순환 개선에 탁월할 뿐 아니라 자외선으로 인한 피부 손상이나 스트레스로 인한 피부의 색소 침착을 개선해 주는 효과가 있다.

# *Recipe*

- **재료** 양상추, 훈제연어 슬라이스, 케이퍼, 새싹채소, 양파, 붉은 색 파프리카, 방울토마토,
  홀스레디쉬 소스, 블랙 올리브

- **방법**

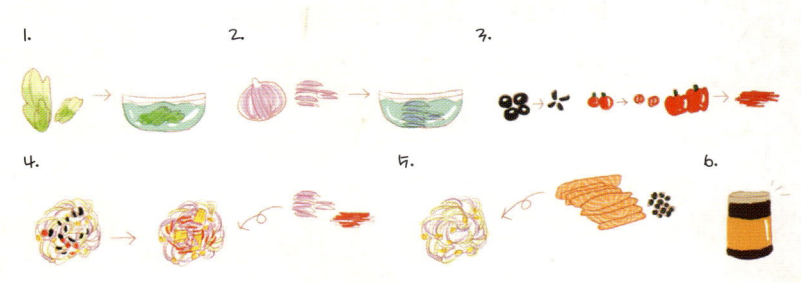

1  양상추는 한입 크기로 찢어 깨끗하게 씻은 후 아삭한 맛이 나도록 찬물에 담가 놓는다.

2  양파는 매운 맛이 사라지도록 채 썰어 물에 담가 놓는다.

3  블랙 올리브는 4등분, 방울토마토는 2등분, 파프리카는 채 썰어 준비해 둔다.

4  물기를 뺀 채소 위에 블랙 올리브를 올려 준다.

5  연어는 맨 마지막으로 올려 주고 케이퍼를 올려 준다.

6  연어 위에 홀스레디쉬소스를 뿌려 마무리한다.

## #. Sujikim's Tip

'방법 4'에서 슬라이스 파인애플도 함께
올려 주면 더욱 좋다.

## 10. 한국의 미를 담다
# 박유천 도시락

박유천의 도시락통은 왕족의 색
인 보라색을 중심으로 꾸몄다. 한
지민, 정석원, 이민호, 최우식 등
다른 출연자들의 도시락도 전통
미가 드러나도록 꾸몄다.

드라마와 K-POP을 중심으로 한 한류 열풍이 뜨겁다. 유럽과 미국에서는 아직
대세가 아니지만 아시아에서는 확실한 큰 흐름이 되었다. 우리나라에 관광 와서 가
수들의 콘서트를 보러 가고, 드라마 촬영지를 순례한다는 해외 팬들의 이야기는 이
제 새삼스러울 것도 없다.

내 작업실이 있는 명동 거리를 지나가는 사람들은 90% 이상 외국인 관광객이 아닐까
싶을 정도이다. 영어, 일어, 중국어를 모르면 명동에서 장사하기 힘들다는 말이 과언
은 아니다.

내 일도 한류의 영향을 받는지라 국내뿐 아니라 해외 팬들의 주문도 들어온다. 물론
아시아 팬들이다. 아시아 팬들은 영어로 주문하냐고? 그렇다면 콩글리시라도 써서
해결하겠지만 그렇지 않다.

「옥탑방 왕세자」를 촬영 중이었던 박유천의 해외 팬들이 도시락 주문을 하였다. 한
국가의 팬들이 아닌 해외 연합 팬들이었다. 이들과는 메일을 주고받으며 주문을 처
리했다. 영어, 일어, 한국어가 난무하였기 때문에 당연히 나 혼자서는 감당할 수 없었

다. 하지만 각 지역의 아뜨리에 식구들 중에 유학파들이 있어서 다국어 주문이 가능하다.

연합 팬 대표로 말레이시아 팬들이 직접 방문하였다. 이들과 함께 싱가포르 NBC Universal의 기자도 찾아왔다. '백상예술대상'과 「옥탑방 왕세자」 취재차 왔다가 우리 도시락도 취재한 것이다.
해외 연합 팬이라서 더욱 신경을 썼다. 촬영장에서 먹을 간식 도시락이었다.

박유천의 도시락통은 왕족의 색인 보라색을 중심으로 꾸몄다. 한지민, 정석원, 이민호, 최우식 등 다른 출연자들의 도시락도 전통미가 드러나도록 꾸몄다. 메뉴는 간식이니까 부담 없도록 근대쌈밥, 다시마쌈밥, 꼬마김밥, 닭봉구이, 찐 달걀, 나나즈

케 무침, 후식으로 과일과 꿀떡을 담았다.

스태프들의 도시락 메뉴는 샌드위치 100개였다. 샌드위치는 일일이 포장하고 리본
까지 묶어야 하기에 양이 많아지면 쉽지 않은 메뉴이다. 샌드위치는 역시 빵이 중요
하다. 그래서 유명 제과점의 유기농 유산균 발효 깜빠뉴를 사용하였다. 이 빵에 당도
높은 대저토마토와 유기농 양상추, 미니채소, 얇게 썬 직화구이 한우를 올리고 바질
페스토 토핑을 하였다.
팬들이 말레이시아에서 직접 가져온 초콜릿도 함께 포장하였다. 이 도시락을 가지고
곤지암 촬영장까지 비바람을 뚫고 간 말레이시아 팬들 정말 대단하다.

도시락을 보내고 이틀쯤 지난 후 말레이시아에서 팬 두 분이 명동에 찾아왔다. 박유
천의 도시락통만 특별히 따로 만들어 줄 수 없겠느냐는 것이었다. 말레이시아에서
여기까지 찾아오셨는데 거절할 수는 없었다. 팬들이 고른 박유천 사진을 토대로 곤

롱포를 입은 모습으로 그린 후 스와로브스키 크리스탈을 장식하였다. 시간이 촉박해
서 좀 더 섬세하게 하지 못했지만 팬들은 만족하며 돌아갔다.

고작 도시락 2개를 주문하러 여기까지 오다니. 말레이시아 사랑해요!

▲ 팬들이 고른 「옥탑방 왕세자」의 사진을 토대로 곤룡포를 입은 모습으로 박유천을 그린 후 스와로브스키
크리스탈을 장식하였다.

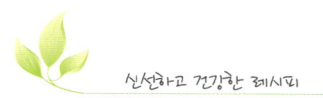

# 한입에 쏙 들어가는
# 꼬마김밥

꼬마김밥은 만들기도 간단하고 먹기도 편해서 아이들 도시락으로도 좋은 메뉴이다. 안에 들어가는 재료에 따라 다양한 김밥이 나올 수 있다는 것이 큰 장점이다.

## *Recipe*

● **재료**    스팸, 케첩, 밥, 김, 나나즈케

● **방법**

1.

2.

3.

4.

**1** 케첩에 스팸을 볶아 김밥 속에 들어가도록 길게 잘라 준다.

**2** 나나즈케에 참기름을 넣고 무친 후 적당한 크기로 다져 준다.

**3** 반으로 자른 김 위에 밥과 스팸, 나나즈케를 넣고 말아 준다.

**4** 한입에 들어갈 크기로 자른다.

**#. Sujikim's Tip**
평소에 잘 먹지 않는 채소를 함께 넣어 주면 영양가를 높일 수 있어요.

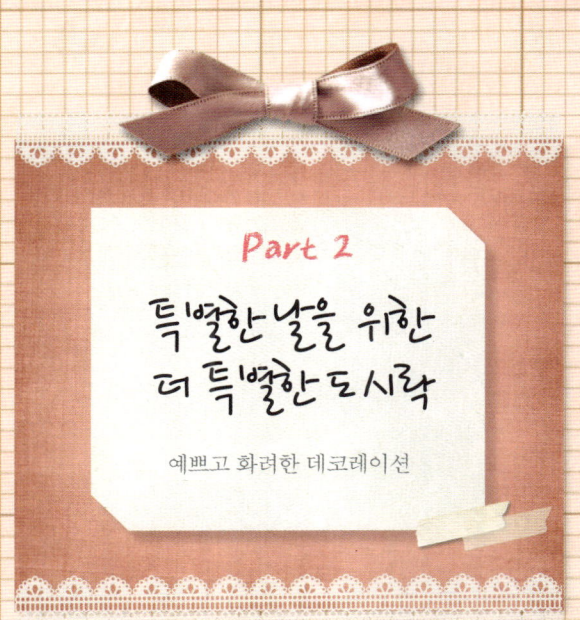

Part 2

특별한 날을 위한
더 특별한 도시락

예쁘고 화려한 데코레이션

1년 내내 생일처럼

# 생일 도시락

생일은 매년 있는 흔한 날일 수도 있
다. 하지만 그날 축하해 주고 싶은 상
대는 유일하기에 각자의 마음속에 의
미가 특별하지 않나 생각해 본다. 그
래서 생일 도시락 주문을 받으면서 마
음이 찡했던 때가 한두 번이 아니다.

내가 연예인 도시락으로 유명세를 타고 방송에 출연도 하니까 많은 사람들이 수지킴
도시락은 연예인만 대상으로 하는 거냐고 묻는다. 그렇지 않다. 1회 주문량 자체는
팬들이 연예인에게 보내는 도시락이 압도적으로 많다. 하지만 주문 건수로는 일반인
들이 주문하는 도시락이 훨씬 많다. 그중 가장 많은 것은 생일 도시락이다.

우리 삶에서 기념할 수 있는 일은 많다. 그중에서 생일은 매년 있는 흔한 날일 수도
있다. 하지만 그날 축하해 주고 싶은 상대는 유일하기에 각자의 마음속에 의미가 특
별하지 않나 생각해 본다. 그래서 생일 도시락 주문을 받으면서 마음이 찡했던 때가
한두 번이 아니다.

오스트레일리아에 있는 여자친구가 수원에서 근무하는 남자친구의 생일 도
시락을 주문하였다. 아침 8시까지 배달을 해 주길 부탁하였다. 그러나 택배 기사들
은 보통 9시부터 일을 시작하기에 그 이전에 배달해야 하는 주문은 내가 직접 간다.
이번에도 남편과 아침 일찍 출발했다.

대부분 회사로 보내는 도시락은 동료들의 도시락도 함께 주문한다. 주인공 것만 보

내기 미안한 것도 있겠지만, 생일상을 사무실이나 휴게실에서 외롭게 혼자 먹는 건 좀 슬프니까 말이다. 모름지기 생일은 사람들과 모여서 축하도 받아야 기분이 나는 것이다.

배달을 간 회사는 외부인이 함부로 들어갈 수가 없었다. 밖에서 기다리고 있으니 동료들이 대신 나왔다. 도시락이라니까 일회용 도시락과 나무젓가락을 예상했는지 커다란 아이스박스를 보곤 놀란 눈치였다. 사무실로 돌아가 화려한 도시락과 진수성찬을 보면 다들 축하의 말이 저절로 나올 것이다. 그리고 생일 주인공은 입이 귀에 걸리고 동시에 으쓱해지면서 보낸 사람에 대한 애정이 마구마구 샘솟을 것이다. 도시락을 받은 사람이 매우 좋아했다는 연락을 받으면 나 또한 입이 귀에 걸린다.

어느 날 젊은 남성이 생일 도시락을 주문하였다. 그런데 아직 혼자 좋아하는 단계라서 익명으로 보내달라고 하였다. 요청대로 익명으로 도시락을 보냈고 그 후 소식을 몰랐다. 그런데 1년 후, 그 남자에게 다시 생일 도시락 주문을 받았다. 이번엔 익명이 아니었다. 1년 전 생일 도시락을 받고 감동을 한 그녀와 부부가 되었던 것이다.

그밖에도 미국에 사는 딸이 엄마가 돌아가시고 혼자 생신을 맞은 한국의 아버지에게 보내는 도시락, 며느리에게 잘해 준 것이 없다면서 시어머니가 보내는 도시락, 딸의 남자친구 생일에 도시락을 보낸 어머니 등 수많은 감동적인 생일 도시락들이 지금도 내 작업실에서 탄생하고 있다.

"진심으로 축하해. 너의 생일."

특별한 날을 위한 더 특별한 도시락

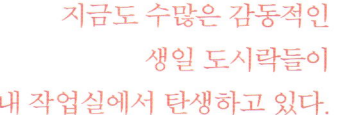

지금도 수많은 감동적인
생일 도시락들이
내 작업실에서 탄생하고 있다.

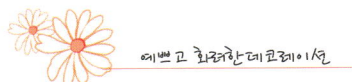

## 딸기 데코레이션
# 생일 도시락

딸기 생일 도시락은 여자친구가 남자친구에게 보내기 위해 주문한 도시락이다. 여자친구의 상큼발랄한 목소리에 영감을 얻어 제작하였다. 하트와 딸기, 그리고 컬러 초를 이용하며 사랑스럽게 꾸몄다.

## *Deco.*

● **재료**　패브릭, 딸기퀼트, 알파벳 초, 하트모양 데코 용품(아이소핑크 재질), 토션, 부직포

    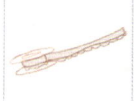 

● **방법**

**1**　딸기 콘셉트를 살리기 위해 되도록이면 딸기 무늬가 있는 패브릭을 잘라 풀을 이용해 도시락통 뚜껑에 붙인다.

**2**　딸기 퀼트는 딸기 형태로 꿰맨 천 안에 솜을 넣고 입체감을 살려 준다.

**3**　부직포를 오려 딸기 잎을 만들어 글루건으로 2에 붙여 준다.

**4**　하트 모양의 데코용품을 글루건으로 도시락통 뚜껑에 붙인 후 그 위에 딸기 퀼트를 붙여 준다.
　　알파벳 초도 다양한 색을 이용해 붙여 준다.

**5**　토션으로 도시락통 옆면을 마무리해 준다.

### #. Sujikim's Tip
하트는 꼭 아이소핑크 재질을 사용하지 않아도 된다. 주위에서 쉽게 찾을 수 있는 하트 모양은 모두 응용할 수 있다.

▶ 도시락 주문을 보면 여자가 남자에게 보내는 경우가 반대의 경우보다 압도적으로 많다. 하지만 남자가 보낸 도시락도 여자를 감동시키기에 충분하다. 남자들도 아내 또는 애인에게 생일 도시락을 한 번 보내보자. 그 감동은 내가 보장할 수 있다.

"HAPPY BIRTHDAY :)"

## 02

도시락은 사연을 싣고
# 기념일 도시락

주문을 받은 후 생각해 보니 25주년이면 은혼식이다. 이혼이 낯설지 않은 세상이 되었는데 25년 동안 부부의 연을 이어가고 그것을 기념한다니. 게다가 남편이 아내에게 도시락을 선물한다 생각하니 마음이 찡해졌다.

생일에는 미역국 끓여서 거하게 생일상 차려주는 것이 일반적이다. 그래서 생일 도시락 주문이 자연스러운 것이고, 또 많은 것이다. 그렇다면 생일을 제외하고 꼭 기념할 만한 특별한 날이 무엇이 있을까? 기념일 도시락 중에서 가장 많은 부분을 차지하는 것은 바로 결혼기념일 도시락이다.

어느 날 한 남성 고객으로부터 전화가 왔다. 결혼한 지 25주년이 되는데 아내에게 결혼기념일 도시락을 보내고 싶다는 것이었다. 그래서 기념일 날짜를 물으니 몇 달 뒤였다. 나는 1주일 전에 다시 주문 전화를 해 달라고 부탁했다. 너무 일찍 주문하면 내가 감당할 수 없기 때문이었다. 그분은 알았다며 전화를 끊었다.

그 후 나는 그 일을 잊고 있었다. 그런데 결혼기념일 2주 전에 그 남자분께서 다시 주문 전화를 걸었다. 아내에게 꼭 감동을 전하고 싶은 마음이 느껴졌다. 아내가 일하는 회사로 동료들 몫까지 11명분의 도시락을 주문하였다. 주문을 받은 후 생각해 보니 25주년이면 은혼식이다. 이혼이 낯설지 않은 세상이 되었는데 25년 동안 부부의 연을 이어가고 그것을 기념한다니. 게다가 남편이 아내에게 도시락을 선물한다 생각하니 마음이 정해졌다.

나는 새벽 꽃시장에 나가 꽃을 샀다. 도시락통은 하얀 레이스에 진주로 장식하여 웨딩 스타일로 만들었다. 아내에게 보낼 도시락에는 연잎밥 위에 장어와 닭봉을 올렸다. 해조굴국에 유기농 7찬도 보탰다. 동료들에게는 단감불고기 샌드위치를 보내기로 하였다.

그런데 배송지가 충청남도 논산이었다. 오토바이 택배를 이용해서 고속버스 수하물로 보내야 하는 것이다. 이런 장거리 배달은 하루종일 조마조마하다. 제 시간에 도착할지, 운송 도중에 파손되지는 않을지 안절부절 못하며 연락을 기다린다. 잘 받았다는 메시지를 받고서야 안심이 되었다.

아마 아내는 남편의 도시락을 받고 깜짝 놀랐을 것이다. 동료들은 "이렇게 자상한 남편이 또 어디 있겠어요? 결혼기념일 축하드려요. 그리고 부러워요."라고 하면서 퇴근 후 각자의 남편에게 한 소리 했을 것이다.

그런데 결혼기념일 도시락 주문을 받으면서 주문자들의 특징이 있다는 사실을 알게 되었다. 첫째, 부부 중 한 명이 주문할 때 대부분 남편이 아내를 위해 한다는 것. 둘째, 자식들 중 한 명이 주문할 때에는 대부분 딸이 한다는 것이다.

딸들이 부모님 결혼기념일에 도시락을 보내는 것은 쉽게 이해할 수 있다. 그런데 왜 부부의 경우에는 남편의 주문이 많을까? 그러고 보니 만난 지 1,000일 되는 기념일 도시락 주문도 남자가 했다. 어떤 이유에서일까?

이상, 답은 나오지 않았지만 수지 킴의 엉뚱한 분석 끝.

▲ 무언가를 기념하는 날이라면 그 날의 특색을 살려 주는 것이 좋다. 생일인지, 결혼기념일인지, 승진한 날인지 꼼꼼히 체크하여 그날의 기분을 최대한 살려 주는 것이 포인트.

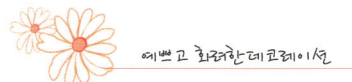

## 결혼 35주년

# 기념일 도시락 데코

부모님의 35주년 결혼기념일을 축하하기 위해 딸이 주문한 도시락이다. 결혼 35주년에는 '행복'을 의미하는 에메랄드를 선물하는 것이라고 하길래 도시락을 에메랄드 색으로 꾸며 보았다.

## *Deco.*

● **재료**    패브릭, 꽃바구니, 막대형 카드, 액세서리 부자재(꽃, 구슬 끈), 리본

● **방법**

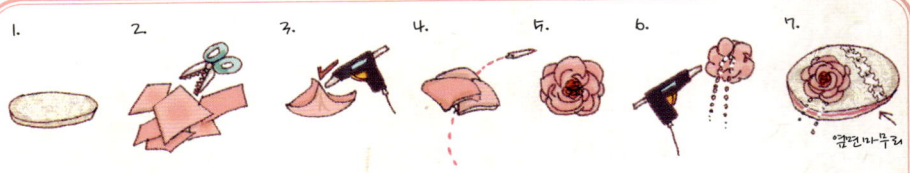

### ● 아내 도시락

**1** 도시락통 뚜껑 전체에 패브릭을 크기에 맞게 잘라 풀로 붙인다.

**2** 핑킹가위를 이용하여 가로 2.5cm, 세로 4.5cm의 크기로 천을 잘라 6개의 조각 천을 준비한다.

**3** 삼각형 모양이 되도록 천의 양쪽 끝을 뒤로 접어 글루건이나 양면테이프로 뾰족한 부분을 붙여 준다.

**4** 3의 방법으로 만들어진 6개의 조각 천을 꽃 모양이 되도록 모아서 가운데 부분을 실로 꿰매 준다.

**5** 꽃이 완성되면 중심 부분에 빨간 꽃 모양의 액세서리 부자재를 글루건으로 붙여 준다.

**6** 꽃 뒷면에는 구슬 끈을 적당한 길이로 잘라 글루건으로 붙여 준다.

**7** 완성된 꽃을 도시락통 뚜껑에 글루건으로 붙여 주고, 토션으로 뚜껑 옆면을 마무리한다.

 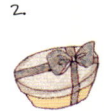  

### ● 남편 도시락

**1** 아내 도시락에 쓰인 패브릭과 다른 것을 골라 도시락 뚜껑에 씌운다.

**2** 패브릭 색감과 잘 어울리는 리본을 골라 십자로 두른 후 리본 묶기를 한다.

**3** 리본 중심 부분에 하트 모양 액세서리를 글루건으로 붙인다.

**4** 도시락통 데코 작업이 모두 끝나면 작은 꽃바구니를 준비하여 그 안에 메시지를 쓴
막대형 카드를 꽂아 준다.

## 03

설레는 마음도 함께
넣어가다

# 소풍 도시락

소풍 도시락 주문에서 가장 많은 부분
을 차지하는 것은 학교 소풍 때 자녀와
선생님을 위한 도시락이다. 봄, 가을에
는 특히 소풍 도시락 주문이 폭주한다.
보자기에 싸든 바구니에 넣든, 하늘 맑
은 날에 음식 바리바리 싸서 가족 소풍
을 떠나보는 것은 어떨까.

'소풍'이라고 하면 학창시절이 떠오른다. 내가 살던 곳은 대학로와 접해 있는 동숭동
이었다. 동숭동 근처에는 초·중·고등학교가 많았다. 그래서 초등학교부터 고등학
교까지 걸어서 등·하교하며 친구들과 함께 놀 수 있는 살가운 동네였다. 부유하지
는 않았지만 인정이 넘치던 곳이었다.

학창시절에 방학 다음으로 나를 설레게 했던 것이 소풍이었다. 김밥, 과자, 사이
다, 삶은 달걀은 필수 메뉴이고 여기에 바나나가 추가되느냐 마느냐 하는 것이 중요
한 문제였다. 내가 다니던 초등학교에서는 주로 창경궁(당시에는 창경원이었다)으로
소풍을 갔다. 창경궁은 집과 가까워서 친구들끼리도 자주 갔던 곳이라 소풍 장소로
는 별로였다. 그럼에도 불구하고 친구들끼리 모여 김밥 먹는 맛, 하루종일 공부 안 하
는 맛이 소풍의 즐거움이었다. 소풍날 비가 오면 말 그대로 청천벽력이었다.

어른이 된 후 소풍의 의미는 외국 영화 속에 자주 나오는 피크닉이었다. 푸른 잔디가
깔린 동산과 잔잔한 호수, 나무도 한두 그루 서 있고, 나무 뒤쪽으로 조금 떨어진 곳

에 구식 오픈카가 주차되어 있다. 나무 밑 그늘에 돗자리가 깔려 있고 소풍 바구니에서 여러 가지 음식들이 나온다. 연인으로 보이는 젊은 남녀가 있다. 여자는 다소곳이 앉아 있고 남자는 꼭 한쪽 팔로 팔베개를 하고 누워 있다. 이런 영화를 보면서 '나도 크면 꼭 저렇게 소풍 가야지.' 하고 생각했다.

지금 나는 소원대로 소풍 바구니에 김밥, 주먹밥, 샌드위치, 과일, 과자를 잔뜩 넣어 가족과 함께 소풍을 가게 되었다. 거기에 캠핑카까지 빌려 한 달에 한 번씩은 꼭 소풍을 간다.

나와 같은 생각을 하는 사람들이 많은가 보다. 소풍 도시락 주문이 종종 들어오는 것을 보면 말이다. 한 젊은 여자 고객은 남자친구가 생기자마자 소풍 도시락 주문을 하였다. 이런 피크닉에 대한 로망은 꼭 이루어야 한다.

"사랑하는 사람과 즐거운 소풍을
떠나 보아요."

소풍 도시락 주문에서 가장 많은 부분을 차지하는 것은 학교 소풍 때 자녀와 선생님을 위한 도시락이다. 봄, 가을에는 특히 소풍 도시락 주문이 폭주한다.

메뉴는 김밥이 들어갈 때도 있지만 선생님 도시락에는 주로 호박고구마밥, 곤드레밥, 연잎밥, 현미잡곡밥, 톳밥 등을 주 메뉴로 넣는다. 반찬으로는 불고기, LA 갈비, 장어를 주로 하고 유기농 반찬, 각종 국, 연어 샐러드, 과일, 과자, 떡, 음료를 더한다. 아이들 도시락은 과일 주먹밥이나 소고기덮밥, 김밥, 샌드위치 등으로 구성한다. 이렇게 준비한 도시락을 예쁜 보자기로 묶어 주면 소풍 분위기 제대로 난다.

보자기에 싸든 바구니에 넣든, 하늘 맑은 날에 음식 바리바리 싸서 가족 소풍을 떠나보는 것은 어떨까.

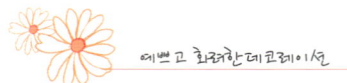
# 보자기로 싼
# 소풍 도시락

소풍 도시락은 옛 추억을 생각하며 보자기로 포장하는 경우가 많다. 예쁜 무늬가 들어간 보자기로 도시락을 싸면 즐거운 소풍길이 한층 더 즐거워지는 느낌이 든다.

## *Deco.*

● **재료**　도시락, 가로·세로 50cm 정도의 보자기

● **방법**

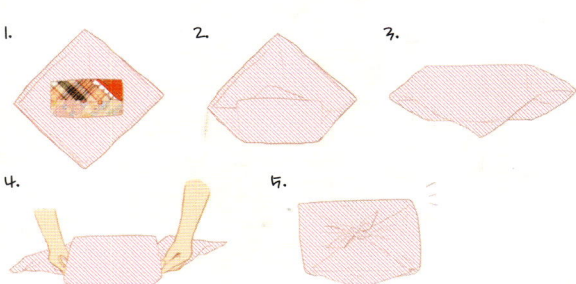

**1** 보자기를 마름모꼴로 놓고 도시락을 올려놓는다.

**2** 앞쪽 귀를 도시락 뒤로 넘긴다.

**3** 뒤쪽 귀를 도시락 앞으로 넘긴다.

**4** 양쪽 귀 자락을 잡는다.

**5** 올린 양쪽 귀를 도시락 위에서 매듭짓는다.

### #. Sujikim's Tip

보자기 양쪽 귀에 리본을 달아 매듭 대신 묶어 주어도 된다. 정성껏 준비한 도시락을 바구니에 담아 가면 소풍 가는 설렘을 한층 더 느낄 수 있다.

도시락뿐이다

# Christmas 도시락

크리스마스 콘셉트에 맞는 도시락 통을 만들다 보면 어릴 적 크리스마스 카드를 만들던 기분이 조금 느껴진다.

크리스마스는 예수 탄생일이지만 기독교 신자가 아니라면 단순한 연말의 휴일로 느껴진다. 학창시절에는 방학이라 휴일이라는 느낌도 없었다. 그냥 '연말 파티' 또는 케이크 먹는 날, TV에서 「나 홀로 집에」를 방영해 주는 날 정도의 의미였다. 그래도 눈이 내리면 왠지 특별하고 로맨틱한 분위기에 휩싸여 명동 거리를 친구들과 걸었던 기억도 난다.

아! 크리스마스 카드를 빼놓을 수 없다. 초등학생 때는 정성스럽게 직접 만들었고, 커서는 대형 서점에서 예쁜 카드를 골랐다. 거리에 나가면 온통 캐럴이 울려 퍼지고 번화가 가로수는 솜과 전구로 장식되어 들뜬 마음에 불을 지폈다.

나이 먹고 애들 주렁주렁 딸린 지금은 그때만큼 들뜨지는 않는다. 길거리에서도 캐럴이 들리지 않는다. 내 귀에만 들리지 않는 건지도 모르겠다. 일이 바쁘다는 핑계로 크리스마스 카드를 직접 만드는 것은 고사하고 사서 보내 본 기억도 최근에는 없다. 눈이 와도 낭만은커녕 교통 걱정부터 한다. 늙었나 보다. 그냥 아줌마가 된 기분이다. 이제는 성탄절의 달뜸보다는 또 한 살 먹는구나 하는 서글픔뿐이다. 그래도 아이들이 작업실 한켠에 트리를 장식해 놓으면 성탄 분위기는 느낀다.

크리스마스와 연말이 다가오면 도시락 주문도 늘어난다. 단란하게 가족끼리 크리스마스를 보내기 위해, 혹은 해외에 있는 여자 고객들이 함께하지 못함을 아쉬워하며 남자친구들에게, 송년 모임을 위한 단체 주문 등이 많아진다. 도시락이 간단한 요기를 넘어서 파티 음식이 된 것이다. 게다가 연말에는 콘서트가 많이 열려, 팬들의 주문도 폭주한다.

이렇게 많은 주문을 소화하느라 정신없지만 크리스마스 콘셉트에 맞는 도시락통을 만들다 보면 어릴 적 크리스마스 카드를 만들던 기분이 조금 느껴진다. 그리고 다른 사람들은 이렇게 성탄절과 연말연시에 서로 감사의 마음을 전하는데 정작 나는 가족이나 친지, 친구들에게 너무 무심한 것 아닌가 하는 마음도 든다. 딸 졸업식 때는 다

"Merry Christmas!"

른 고객의 졸업 도시락을 싸느라 정작 딸에게는 졸업식이 끝나고 간 적도 있었다. 화
난 딸의 얼굴을 보며 어찌나 화끈거리던지.

크리스마스 도시락 메뉴라고 해서 다른 도시락과 크게 다르지는 않다. 파티 성격에
맞게 과하지 않은 구성을 하는 편이다.
장어불고기덮밥, 오징어순대, 연두부 샐러드, 과일, 초콜릿, 과자, 음료로 구성하거나
주 메뉴를 닭가슴살 데리야끼덮밥, 낙지볶음, 샌드위치 등으로 바꾸기도 한다. 여기
에 컵케이크나 떡 등을 넣어도 좋다.

성탄절과 연말 분위기가 물씬 나게 도시락통을 연출하는 것도 필수이다. 아빠
가 산타로 분장하면 더할 나위 없이 좋을 것이다.

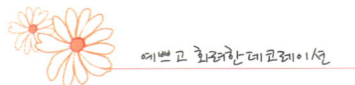

예쁘고 화려한 데코레이션

퀼트로 꾸민

# Christmas 도시락

크리스마스 도시락은 빨강, 초록, 금색을 주로 사용
한다. 그리고 별, 사슴, 산타, 종 등 크리스마스 하
면 딱 떠오르는 아이템들을 도시락 뚜껑에 그리거
나 달아 주면 훌륭한 크리스마스 도시락이 된다.

## *Deco.*

● **재료**   패브릭, 크리스마스 문양 커트지, 퀼트 솜과 수실(금사), 벨벳 리본, 단추

● **방법**

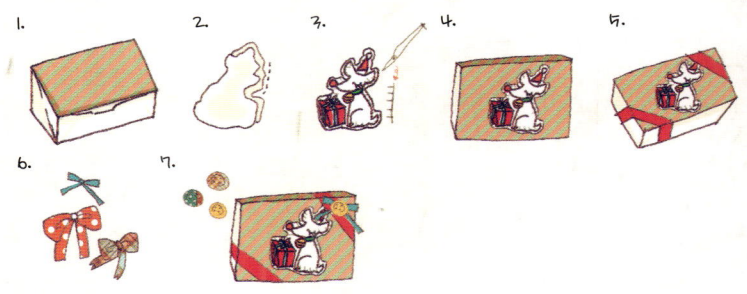

**1** 상자 크기에 맞게 패브릭을 오려 풀로 붙인다.

**2** 커트지 크기보다 안쪽으로 0.3mm 작게 퀼트 솜을 오려 커트지 밑에 양면테이프로 붙인다.

**3** 퀼트 솜을 붙인 커트지 테두리는 버튼홀 스티치, 커트지에 있는 문양은 아웃트라인 스티치로
바느질한다.

**4** 바느질이 완성된 커트지를 분사용 접착제를 이용해 상자 가운데 부분에 붙인다.

**5** 상자 안에 도시락을 담은 후 벨벳 리본 끈을 마름모꼴 형태로 둘러 준다.

**6** 리본은 따로 만들어 리본 끈이 교차한 부분에 글루건으로 붙여 준다.

**7** 리본 위에 단추를 붙여 포인트를 준다.

### #. Sujikim's Tip

리본 위 포인트 데코를 할 때 크리스마
스 분위기가 나는 다른 소품을 응용할
수 있다.

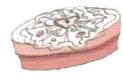

# 웨딩 도시락

웨딩 도시락은 대부분 웨딩사진 촬영일에 신랑, 신부, 친구, 촬영 스태프들이 먹을 도시락이다. 웨딩드레스를 입고 식당에 갈 수도 없고, 고궁 등에서 음식을 시켜 먹을 수도 없을 때 유용하다.

요즘은 결혼하기도 힘든 세상이다. 40대 미혼 남녀 비율이 계속 높아져 가고 있다. 1차적으로는 먹고 살기 어려워졌다는 점이 원인일 테고, 예전에 비해 자식을 낳아야 한다는 생각이 옅어져 가는 것도 한 요인일 수 있겠다. 선진국과 같이 결혼도 하나의 선택지일 뿐이라는 생각도 점차 확산되는 양상이다. 아무튼 미혼 남녀가 증가하는 것은 돈이 가장 큰 원인인 것 같다.

예전에는 결혼식 비용에 따른 허례허식이 큰 사회문제였는데 이제는 결혼 자체가 어렵다니 마음이 씁쓸하다. 자식을 넷이나 둔 나로서도 조금 걱정이 된다. 아니, 아주 많이 걱정이 된다. '애들아, 너희들이 알아서 가면 안 되겠니? 엄마가 도시락은 싸 줄게.' 이렇게 얘기하면 뭐라고 하려나.

웨딩 도시락은 대부분 웨딩사진 촬영일에 신랑, 신부, 친구, 촬영 스태프들이 먹을 도시락이다. 웨딩드레스를 입고 식당에 갈 수도 없고, 고궁 등에서 음식을 시켜 먹을 수도 없을 때 유용하다.

웨딩 도시락의 시작은 남동생 웨딩 촬영이었다. 내가 예전에 웨딩 촬영할 때 김밥을 싸 가서 꾸역꾸역 먹었던 기억이 나서 신부에게 도시락을 싸주고 싶었다. 정성껏 싸서 보냈더니 촬영 스태프들이 무척 좋아했다고 한다.

결혼식 날 아침, 신부화장 하러 미용실에 갈 때도 아침 도시락을 싸 주었다. 미용실에 있던 다른 신부들은 사온 김밥을 먹거나 굶는데, 본인은 정성이 담긴 도시락을 먹으며 우쭐했단다. 그 말을 듣고 웨딩 도시락도 해 보자고 생각하였다.

주문은 대부분 신부가 하지만 가끔 예비 시어머니나 시누이가 하기도 한다. 촬영일에 먹을 도시락이 가장 많고, 그 다음이 결혼 당일 미용실에서 먹을 도시락이다.

혼치 않은 주문도 있었다. 제주도에서 서울로 비행기를 타고 오는 하객들이 있었는데, 공항에서 예식장까지 오는 동안 버스 안에서 드실 도시락 주문도 있었다. 정말 꼼꼼한 부부였다.

웨딩 도시락 메뉴는 신부의 화장과 드레스 때문에 한입에 쏙 들어가는 각종 쌈밥이나 미니김밥으로 한다. 여기에 샌드위치, 과일, 음료, 과자 등을 더한다.

웨딩 도시락을 하면서 진땀을 흘렸던 적도 있었다. 도시락 사업 초창기부터 단골인 여성 고객이 여동생 웨딩 도시락을 주문하였다. 그런데 내가 시간을 착각해서 고객이 도시락을 찾으러 온 시간에 백화점에서 음식 재료를 고르고 있었던 것이다. 연락을 받고 기절할 뻔했다. 다행히 광속의 손놀림으로 그리 많이 늦지는 않았지만 너무 죄송스러워서 도망가고 싶었다.

"오늘의 주인공인 신랑 신부의 행복한 결혼 생활을 기원합니다."

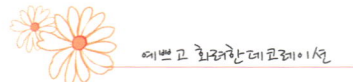

러블리 레이스

# 웨딩 도시락

웨딩 촬영을 하는 날에 딸에게 줄 도시락을
주문한 어머니. 그런 어머니의 마음을 담아
하얀 레이스와 하트로 웨딩 분위기 물씬 나도
록 장식한 도시락이다.

특별한 날을 위한 더 특별한 도시락

## *Deco.*

● **재료**   린넨 무지천, 폭 10~15cm 레이스천과 토션, 하트 모형, 큐빅 및 진주알

● **방법**

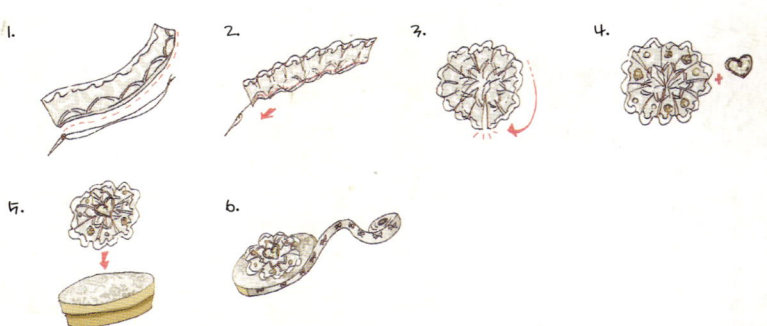

**1** 레이스천을 폭 3cm 정도 띄우고 25~30cm 정도 길이로 홈질한다.

**2** 실을 잡아 당겨 주름을 만들어 주고 양쪽 끝을 모아 원으로 만들어 준다.

**3** 양 끝이 맞닿도록 홈질한다.

**4** 큐빅이나 진주알, 하트 모형을 붙여 장식한다.

**5** 린넨 무지천을 붙인 도시락통 위에 웨딩 장식을 붙인다.

**6** 통 가장자리나 통 둘레는 토션을 붙여 마무리한다.

**#. Sujikim's Tip**

레이스 폭이 넓을수록 더 풍성하게
연출할 수 있다.

## 06. 아이는 선물입니다
# 베이비 샤워 도시락

베이비 샤워라는 말이 있다. 출산이 임박한 임산부나 갓 태어난 신생아를 축하하기 위한 행사로, 전통적으로 임산부나 파티에 초대된 여자들만이 참석할 수 있다.

나는 자식이 넷이다. 내 나이대에서는 좀 많은 편이다. 대부분의 친구들은 두 명 정도이니까. 결혼 전에 몇 명을 낳겠다는 계획은 없었지만 살면서 아이들이 많아 힘들다는 생각은 한 번도 한 적이 없다. 아이들이 정말 좋아서 즐겁게 살아왔다. 낳을 때는 그만 낳아야지 하다가도 태어난 아기가 너무 귀여워 결국 사총사가 되었다.

첫 아이가 태어날 때의 감동은 잊을 수가 없다.
생명의 신비로움을 느끼며 눈물을 주룩주룩 흘렸다. 잘 키우겠노라 다짐도 하였다. 아장아장 걸을 때면 나도 아기가 되고, 말을 하고 유치원에 다닐 때는 나도 동심으로 돌아갔다. 동요와 유아 프로그램 방송도 줄줄 꿰게 되었다. 한 학년 한 학년 올라갈 때마다 대견스럽기도 했지만 아이들이 너무 빨리 커버린다는 생각에 당혹스러웠던 기억도 난다. 언제나 품 안의 아기일 것 같았는데 말이다. 지금은 엄마보다 친구들이 더 좋을 때고, 조금 더 지나면 남자친구, 여자친구에 빠져 얼굴 보기도 어려울 것이다. 그러다 결혼하면 저희들 살기 바빠 엄마는 안중에도 없을 것이다.
아무튼 아이들과 함께 나도 성장했고, 아이들을 키우며 아이들로부터 많은 사랑을 받았다고 생각한다. 부디 모두 다 행복하게 살았으면 좋겠다. 재산 가지고 싸우고, 부모 부양 문제로 싸우는 꼴은 정말 보고 싶지 않다. 그래서 아이들은 성장하는 대로 독립시킬 생각이다. 늙으면 남편과 둘이 살 생각이다.

베이비 샤워라는 말이 있다. 출산이 임박한 임산부나 갓 태어난 신생아를 축하하기 위한 행사로, 전통적으로 임산부나 파티에 초대된 여자들만이 참석할 수 있다. 이 파티의 주된 목적은 엄마가 되기 전 지혜와 교훈을 서로 교환하자는 것이다. 모 보험회사에서 베이비 샤워 이벤트 상품으로 우리 도시락을 선정하면서 나도 베이비 샤워라는 것을 알게 되었다.

"출산의 감동을 예쁜 도시락과함께!"

▼ 메뉴는 파티의 성격에 맞게 영양가 많은 쌈밥, 한우스테이크 꼬치, 단호박햄구이, 떡갈비, 오징어순대, 대하, 닭강정, 홍합크림치즈구이, 샌드위치, 과일, 샐러드, 음료 등으로 구성한다.

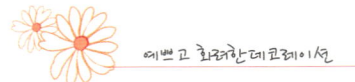

예쁘고 화려한데코레이션

# 귀여운 아이들을 위한
# 뽀로로 도시락

유치원생을 위한 도시락답게 아이들이 좋아하는 캐릭터로 꾸며 보았다. 아이들 도시락은 주로 아이들의 눈높이에 맞추어서 제작하는 편이다. 자신이 좋아하는 캐릭터가 있으면 도시락 메뉴에 대한 호감도도 높아지는 것이 아이들이다.

## *Deco.*

● **재료**    패브릭, 캐릭터 사진과 부직포, 투명 시트지, 데코 용품(별, 큐빅, 테이프), 토션

● **방법**

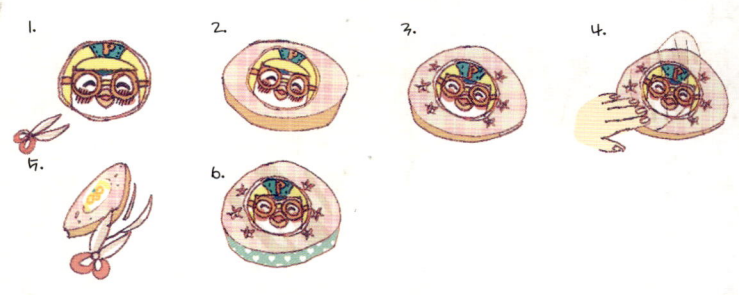

**1** 캐릭터를 오린 후 부직포 위에 양면 테이프로 붙이고 부직포를 캐릭터보다 0.5mm 크게 오려낸다.

**2** 1을 패브릭을 씌운 도시락통 뚜껑 위에 붙인다.

**3** 데코 용품으로 캐릭터 주변을 장식한다.

**4** 도시락 뚜껑 위에 투명 시트지를 붙여 주는데 이때 공기 주머니가 안 생기도록 끝부분부터
    손바닥으로 천천히 밀어가며 붙여 준다.

**5** 시트지의 여분을 뚜껑 크기에 맞춰 가위로 잘라 낸다.

**6** 토션으로 뚜껑 옆면을 마무리해 준다.

**#. Sujikim's Tip**

아이가 좋아하는 색깔과 캐릭터를 활용하는
것이 좋다.

# 07. 작은 정성, 큰 감동
# 합격 기원 도시락

오늘도 나는 합격 기원 도시락을 싼다. 각종 국가고시, 대학 입시를 준비하는 사람들을 위해 도시락을 싼다. 고객들의 간절한 기원을 잉어 문양에 담아서 합격을 기원하며 도시락을 싼다.

내가 세상에서 가장 싫어하는 것이 시험이다. 그래서 나는 성적을 이유로 아이들을 야단치지 않는다. 누가 누구를 나무라겠는가. 엄마 성적표 좀 보자고 할까 봐 겁나는데.

이 세상에는 시험이 참 많다. 태어나서 죽을 때까지 시험만 치다가 죽는 것 같다. 인생이 곧 시험이기는 하다. 우리나라는 더욱 심해서 시험 하나에 인생이 결정되기도 한다.

학창시절이 떠오른다. 그림, 팝송, 만화, 만들기 같은 것에는 잘도 푹 빠지는데 왜 공부에는 안 빠졌는지 나도 잘 모르겠다. 학교 다닐 때도 공부는 뒷전이고 친구들하고 다른 일 하기 바빴다.
친구들 연애편지 대신 꾸미기도 그 중 하나였다. 친구들이 연애편지를 부탁하면 나는 예쁜 편지지를 만들었다. 그림도 그리고, 만화 캐릭터도 그려 넣었다. 그러면 지금 함께 일하고 있는 유미는 신파가 따로 없는 편지 내용을 작성하는 것이었다. 우리 둘은 순전히 재미로 하는 것이지만 부탁한 친구는 너무 고마워하며 떡볶이를 사주었다. 이 얼마나 아름다운 상부상조란 말인가.

나는 이런 것이 공부보다 더 중요하다고 생각한다. 친구를 단순히 경쟁자로 보는 지금의 아이들은 우리의 이런 순수한 우정이나 사랑은 이해 못할 수도 있겠지만.

이렇게 성장한 우리들이 패배자로 낙인 찍힐 이유는 없다. 편지지조차 꾸미지 않고는 못 배기던 그 아이는 지금 도시락을 꾸미고 있고, 심금을 울리는 편지를 써서 연애 성공률을 높여주던 그 아이는 작가로 활동하고 있다.

그러니 내가 우리 아이들에게 공부를 강요할 리 만무하다. 같이 여행 다니고, 콘서트 가고, 연극 보러 가고, 서점에 가서 책을 고르는 일이 내가 부모로서 할 일이라 생각하며 실천하고 있다.

우리나라도 선진국처럼 되었으면 좋겠다. 모든 사람이 자신의 적성을 발휘할 수 있도록 차별 없이 교육받고, 공부뿐 아니라 다양한 분야에서 열심히 일하면 대우받는 그런 사회 말이다. 소방관이 가장 존경받는 직업이 되고, 굴뚝 청소부와 미장이가 의사와 다름없는 임금을 받는 그런 사회 말이다.

오늘도 나는 합격 기원 도시락을 싼다. 각종 국가고시, 대학 입시를 준비하는 사람들을 위해 도시락을 싼다. 고객들의 간절한 기원을 잉어 문양에 담아서 합격을 기원하며 도시락을 싼다. 진심으로 합격을 기원하며 어머니의 마음으로 도시락을 싼다. 그러나 우리 아이들이 어른이 되었을 때는 합격 기원 도시락이 필요없는 세상이 되었으면 좋겠다.

"합격을 기원합니다."

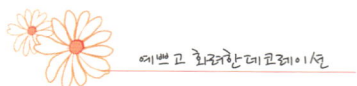
예쁘고 화려한 데코레이션

# 합격을 기원하는
# 잉어 도시락

예로부터 잉어 그림은 과거 합격, 학문의 완성 등
을 의미하였다. 잉어 눈에 큐빅을 박아서 밝은 눈
으로 시험 잘 보라는 의미도 담아 보았다.

특별한 날을 위한 더 특별한 도시락

## *Deco.*

● **재료**   잉어 문양 패브릭, 큐빅, 토션

● **방법**

1.          2.          3.          4.

**1** 도시락통 크기에 맞게 잉어 문양의 패브릭을 붙인다.

**2** 여분의 패브릭에서 잉어 문양을 1~2개 정도 오려 도시락통에 붙인 패브릭 위에 적당히
　배치해서 풀로 붙여 준다.

**3** 포인트로 잉어의 눈에 큐빅을 글루건으로 붙인다.

**4** 토션으로 도시락 옆면을 마무리해 준다.

**#. Sujikim's Tip**

잉어 문양의 패브릭을 구하는 것은 힘들 수 있다.
이럴 때에는 색 도화지나, 색마분지에 잉어를 그려
붙인 후 투명 시트지로 마무리해 줘도 좋다.

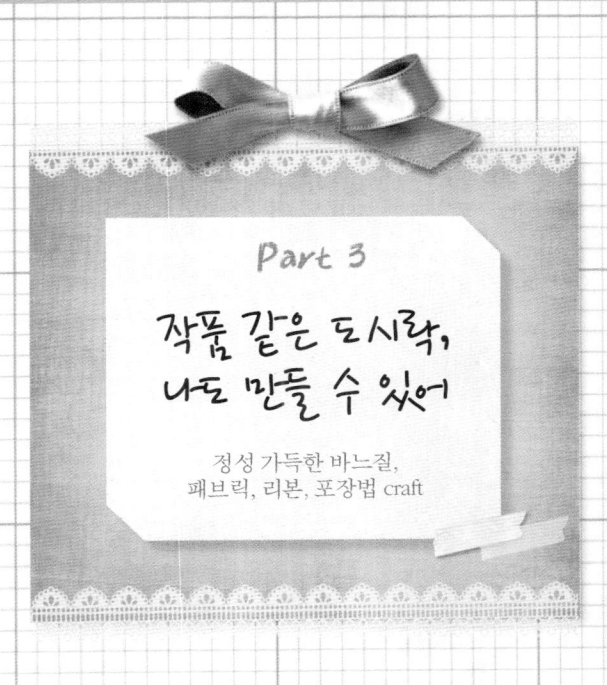

Part 3

작품 같은 도시락,
나도 만들 수 있어

정성 가득한 바느질,
패브릭, 리본, 포장법 craft

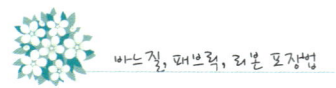

# 패브릭을 씌워 만든
# 꽃 도시락

**1. 패브릭 씌우기**

도시락통 만들기의 가장 첫 과정이자 가장 중요한 과정은 바로 도시락통에 패브릭을 씌우는 것이다. 패브릭만으로도 훌륭한 장식이 될 수 있기 때문이다.

작품 같은 도시락, 나도 만들 수 있어!

## Craft.

● **재료**  패브릭, 리본 테이프, 풀, 양면테이프

● **방법**

**1** 패브릭을 도시락 뚜껑 크기보다 1.5cm 더 크게 오려서 도시락 뚜껑 윗면
에 전체적으로 풀을 바르고 가운데에 맞춰 붙인다.

**2** 1.5cm 남은 여분의 패브릭에 1cm 정도만 가위집을 낸다.

**3** 가위집을 낼 때는 너무 촘촘히 내지 말고 5cm 간격으로 낸다.

**4** 도시락 뚜껑 옆면에 양면테이프를 붙인 후 가위집을 낸 여분의 패브릭을
꼼꼼히 붙여준다.

**5** 그 위로 양면테이프를 다시 붙인 후 리본 테이프를 둘러 붙여 준다.

**6** 리본 테이프 위에 얇은 양면테이프를 이용해 토션으로 마무리해 준다.

#### #. Sujikim's Tip

리본 테이프는 패브릭 색상과 어울리는 것으
로 고르고, 토션 대신 별도로 리본을 만들어
글루건을 이용해 붙여도 좋다.

## "그 자체로 하나의 예술 작품!"

패브릭을 씌워 만든 도시락 통은 그 자체로 하나의 예술 작품이
된다. 각자의 개성에 맞게 만들어 보자.

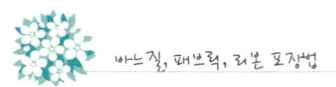 

반짝반짝 빛나는

# 큐빅 도시락

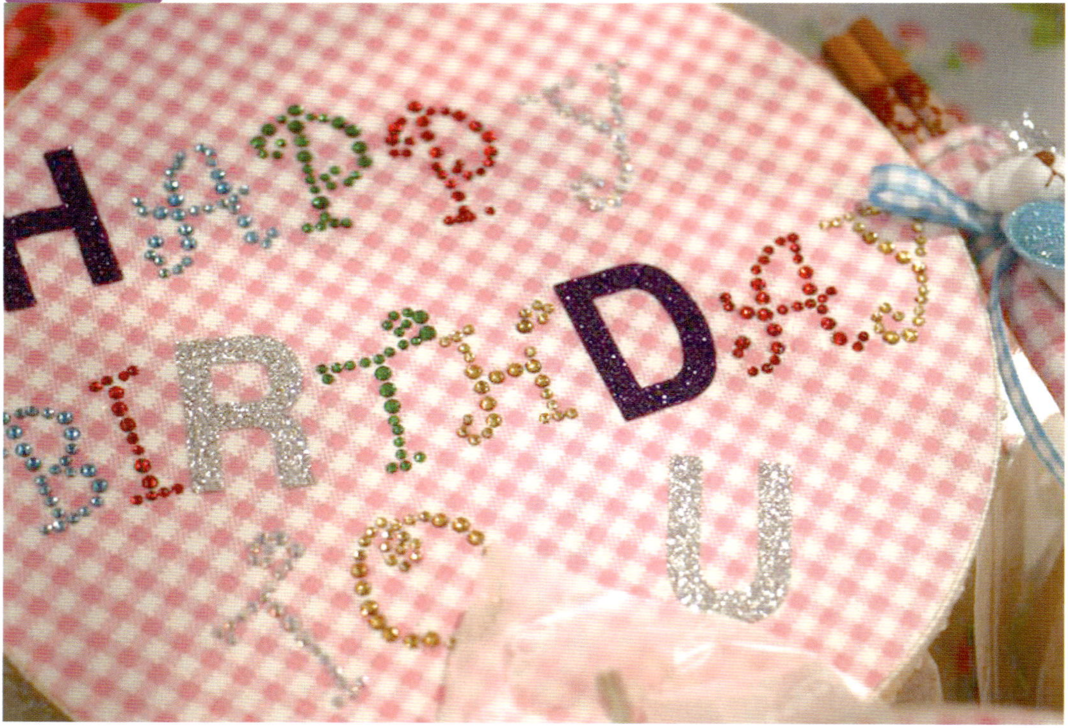

반짝이는 큐빅은 도시락통 장식에 가장 쓰기 쉽고 유용한 재료이다. 하나씩 붙여야 하므로 손이 많이 가지만 그만큼 정성스러워 보이고 자유로운 연출을 할 수 있는 장점이 있다.

## *Craft.*

- **재료**   패브릭, 큐빅, 인두 또는 다리미

- **방법**

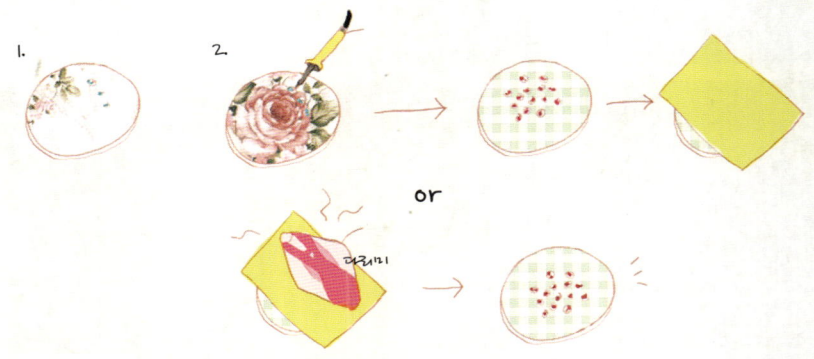

1  패브릭을 씌운 도시락통 위에 접착성 큐빅을 원하는 모양으로 올려놓는다.

2  소량의 큐빅을 붙일 때는 인두로 한 알 한 알 열을 가해 붙여 주고, 여러 개를 뭉쳐서
   진열했다면 큐빅 위에 면 소재 천을 올려 놓고 다리미로 눌러 열을 가해 준다.

### #. Sujikim's Tip

시중에는 여러 가지 접착식 큐빅 용품이
판매되고 있는데 그 방법에 따라 활용하
면 된다. 접착성이 없는 큐빅 용품은 글루
건을 이용하여 붙이면 된다.

"큐빅 장식으로 전하는 진심과 감동!"

🌸 큐빅으로 이니셜이나 사랑의 메시지를 만들
어 장식해도 좋다. 말로 전할 수 없었던 진심
이 가슴으로 느껴질 것이다.

작품 같은 도시락, 나도 만들 수 있어!

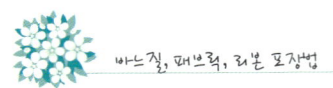

바느질로 정성스럽게

# 스티치 도시락

I still Remember you I love you

도시락통에 직접 바느질로 글씨를 새기거나 천으로 된 소품들을 꿰매어 붙이면 아기자기한 분위기의 도시락통을 만들 수 있다. 버튼홀 스티치와 체인 스티치가 많이 쓰인다.

작품 같은 도시락, 나도 만들 수 있어!

# Craft.

● **재료**　실, 패브릭, 솜

● **방법**

● 바느질로 이니셜 새기기

**1** 패브릭에 새길 글자를 펜으로 옅게 표시한다.

**2** 체인 스티치로 글자를 따라 바느질하여 새긴다.

**3** 하트 모양으로 두 장을 잘라 적당량의 솜으로 가운데를 채운다.

**4** 버튼홀 스티치로 테두리를 마무리해 준다.

 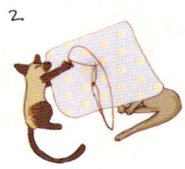  

● 체인 스티치 배우기

**1** 뒷면에서 앞으로 바늘을 통과시킨다.

**2** 통과된 부분의 실을 살짝 잡아 주고 나왔던 구멍으로 바늘을 다시 통과시킨다.

**3** 처음 통과한 구멍에서 2mm 정도 떨어져 뒷면에서 앞면으로 바늘을 통과시킨다.

**4** 살짝 잡아 주었던 고리 부분을 잡아당겨 체인 모양을 만들어 준다.

**5** 미리 표시해 둔 글자를 따라 위의 과정을 반복한다.

*Craft.*

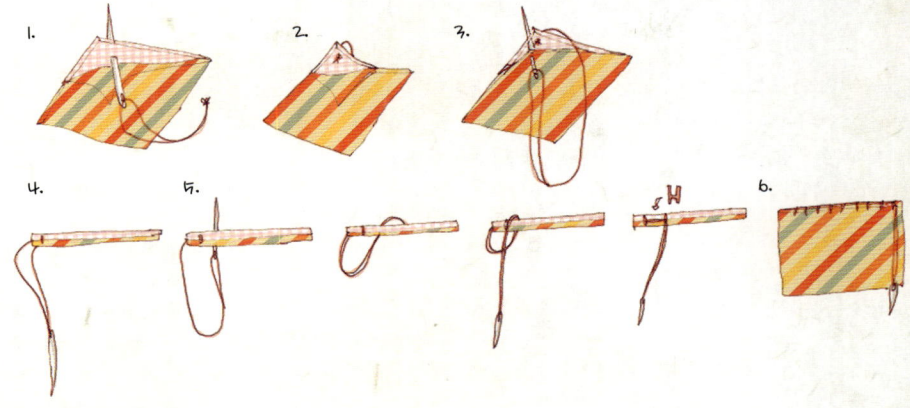

### ● 버튼홀 스티치 배우기

**1** 두 장의 패브릭을 덧댄 후 뒷장 뒷면으로 바늘을 통과시킨다.

**2** 바늘을 앞장 뒷면으로 통과시킨다.

**3** 패브릭 두 장을 맞대고 바늘을 통과시킨다.

**4** 실을 모두 다 당기지 않고 살짝 고리를 만든다.

**5** 고리에 바늘을 통과시킨다.

**6** 위의 방법을 계속 반복한다.

#. Sujikim's Tip

바느질은 여성스러움을 어필할 수 있는 가장 손쉬운 방법이다. 한땀 한땀 들인 정성이 상대에게 사랑으로 전해질 것이다.

▲ 바느질로 새긴 이니셜은 상대에게 내 마음의 깊이를 느끼게 해준다.

▲ 도시락 콘셉트와 맞는 색깔의 실을 사용하는 것도 중요하다.

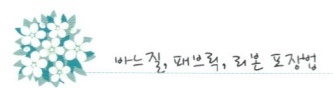

# 패브릭을 활용한
# 빈티지 도시락

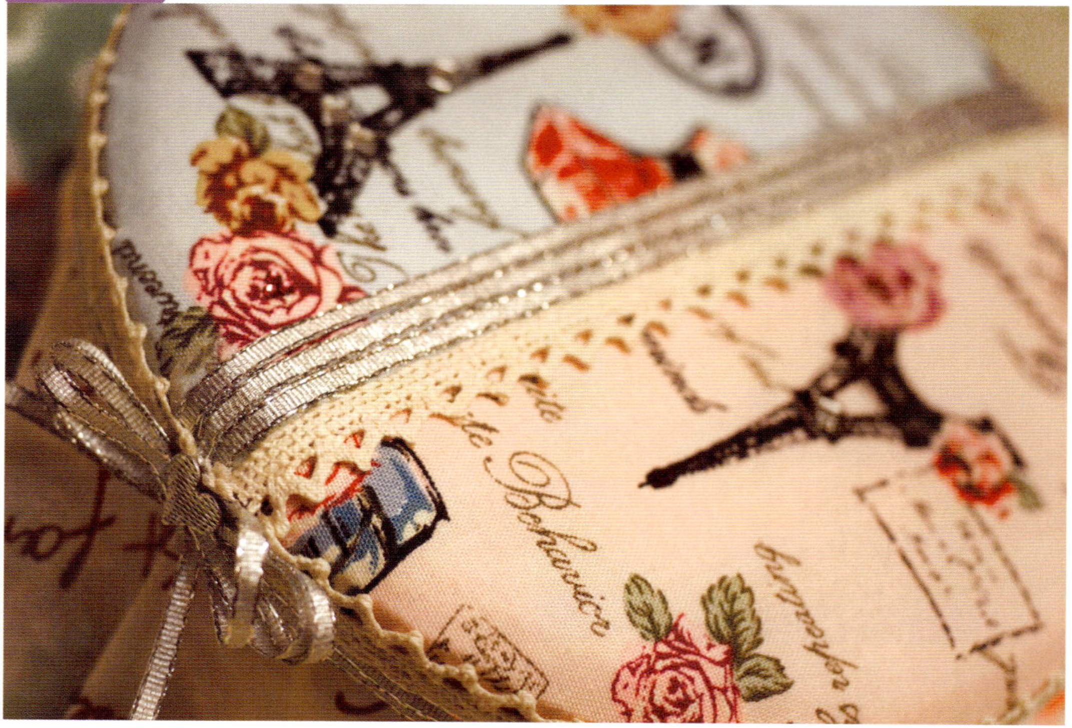

패브릭으로 감싼 도시락통 위에 자투리 천으로 장식을 하면 빈티지한 느낌의 도시락통을 만들 수 있다. 글자나 그림 부분만 오려내서 붙이는 것도 좋은 방법이다.

## *Craft.* _____

- **재료**  자투리 패브릭, 토션, 코르사주나 크리스탈

- **방법**

1.      2.      3.

**1** 다양한 무늬의 자투리 천을 모아 붙인다.

**2** 천이 분할된 부분에 토션을 붙인다.

**3** 코르사주나 크리스탈을 원하는 위치에 붙인다.

### #. Sujikim's Tip

서로 다른 무늬의 패브릭을 여러 개 사용하다 보니 산만해 보이지 않도록 디자인을 구성하는 것이 중요하다. 2개는 무늬가 있다면 한 개는 무늬가 없는 무지천을 붙여줘도 예쁘다. 토션도 너무 많이 붙이지 않도록 주의해야 한다.

"빈티지를 이용한 품격 살리기!"

특별히 따로 비용을 들이지 않으면서도 도시락통의 품격을 높일 수 있는 방법이다. 어수선하지 않도록 깔
끔하게 하는 것이 포인트.

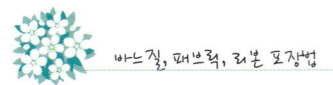

# 동글동글 귀여운
# 젤리빈 도시락

**5. 젤리빈 활용하기**

젤리빈은 음식이지만 색깔도 다양하고 동글동 글한 모양이 귀여워서 여러 개를 뭉쳐서 붙이 면 훌륭한 장식이 된다. 발랄한 분위기를 내기 에 적합하다.

## *Craft.*

● **재료**    패브릭, 글루건, 토션, 젤리빈, 각종 사탕과 초콜릿 등

● **방법**

l.     2.     3.

**1** 도시락통에 패브릭을 붙여 준다.

**2** 가장자리는 토션으로 마무리한다.

**3** 글루건으로 젤리빈을 비롯하여 준비한 재료들을 붙여 데코레이션한다.

### #. Sujikim's Tip

밝고 화사한 패브릭을 사용하면 젤리빈과 더 잘
어울린다.
재료들을 옆으로 퍼지게 붙이는 것보다 가운데를
산처럼 약간 수북하게 붙여 주면 더욱 예쁘다.

🌸 먹는 젤리빈으로 훌륭한 장식을 만들 수 있다는 놀라운 사실

작품 같은 도시락, 나도 만들 수 있어!

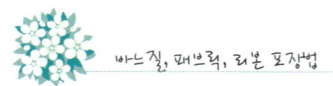

# 돌돌 말아 간단하게
# 리본 만들기

**6. 리본 만들기**

리본은 도시락통 장식에서 가장 자주 사용되는 소품 중 하나이다. 리본은 재질과 두께, 만드는 법에 따라 여러 가지로 활용 가능하기 때문에 무척 유용하다.

# Craft. ─────────────────────

- **재료** 　리본 끈, 단추 등 부자재

- **방법**

1.　　　　　2.　　　　　3.

**1** 리본 끈을 손에 3~4바퀴 정도 감는다.

**2** 리본 끈의 가운데 부분을 살짝 잘라 끈으로 묶어 준다.

**3** 가운데 부분에 단추 등 부자재를 붙여 준다.

# . Sujikim's Tip

끈의 두께가 얇을 때는 끈을 여러
번 감아주면 더 예쁘다.

▲ 진주알을 이용해 리본 장식의 풍미를 더해도 좋다.

▲ 면레이스 끈을 활용해 고급스럽게 표현할 수 있다.

작품 같은 도시락, 나도 만들 수 있어!

부자재와 리본의 색깔을 조화시키는 것도 중요하다.

▲ 리본 중앙에 다양한 부자재를 부착해 귀여운 느낌을 줄 수 있다.

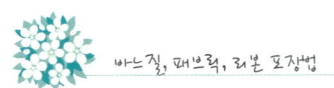

패브릭 무늬로
# 나비모티브 만들기

**7. 패브릭 무늬 이용하기**

모티브는 도시락통에 색다른 느낌을 주는 데 적합하다. 패브릭의 나비 무늬 부분을 오려 도시락통 위에 진짜 나비처럼 붙여 주면 도시락통이 한층 더 고급스러워진다. 나비가 아닌 다른 무늬도 얼마든지 응용 가능하다.

# Craft.

● **재료**  나비 문양이 있는 패브릭, 가위, 글루건

● **방법**

1.           2.          3.

**1** 되도록이면 나비 날개 길이가 3~4cm 정도 되는 문양을 골라 가위로 꼼꼼히 오린다.

**2** 글루건을 나비 몸통 부분에 살짝 쏜 후 나비 날개가 위로 올라가도록 접어 준다.

**3** 패브릭을 씌운 도시락통 뚜껑 위에 적당한 위치를 골라 글루건으로 나비를 붙여 준다.

### #. Sujikim's Tip
도시락통 뚜껑에 전체적으로 씌울 패브릭은
꽃무늬가 있는 것이 좋다.

"나비가 날아갈 듯……."

나비 모티브를 이용해 화사함을 더한 도시락 통. 도시락 콘셉트에 따라 잉꼬, 비둘기 등의 새 모티브를 시도해도 좋다.

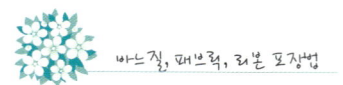

## 남는 소품까지 알뜰하게
# 포크&수저도 예쁘게

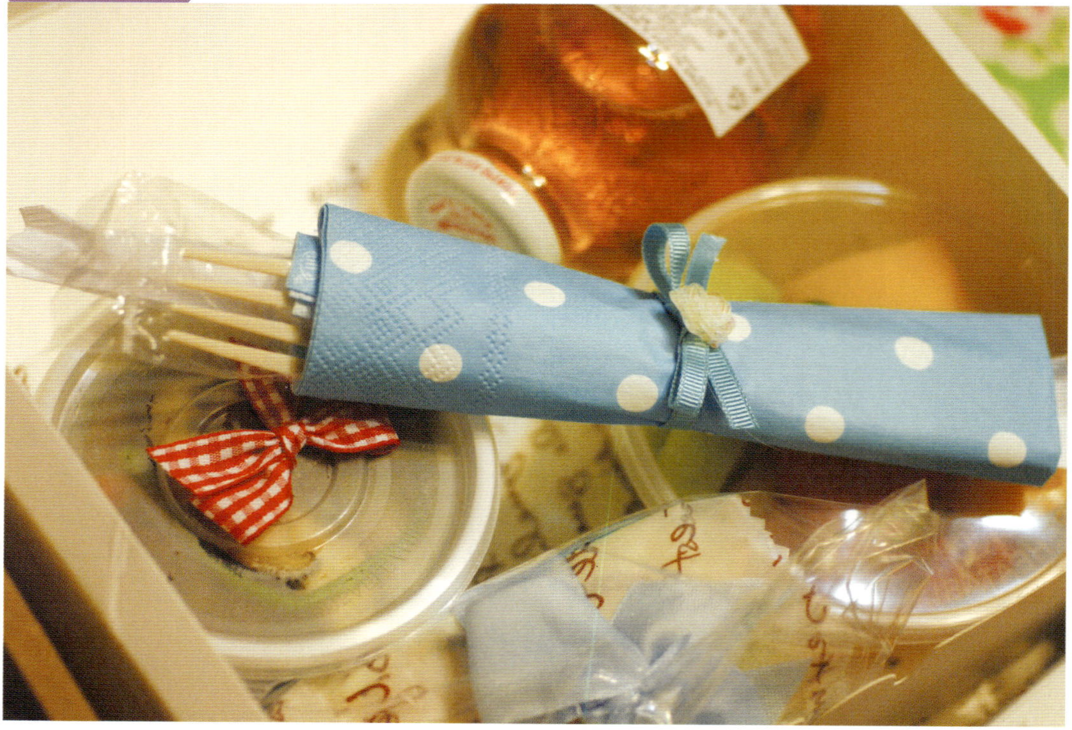

포크나 숟가락, 젓가락도 그냥 넣는 것보다 예쁜 냅킨으로 포장해서 넣으면 장식품의 효과를 낼 수 있다. 냅킨과 쓰다 남은 리본만 있으면 간단하게 포장이 가능하다.

## *Craft.*

- **재료**  포크(수저), 냅킨, 리본

- **방법**

 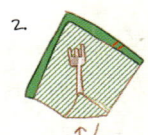  

 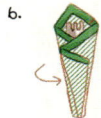  

**1** 냅킨을 마름모꼴로 놓고 포크나 수저를 올려 놓는다.

**2** 아래쪽 모서리를 안쪽으로 조금 접어 넣는다.

**3** 왼쪽 모서리를 포크가 감싸지도록 안쪽으로 접는다.

**4** 접은 분량의 절반 정도를 바깥쪽으로 접는다.

**5** 오른쪽 모서리도 3과 같은 방법으로 접는다.

**6** 오른쪽 모서리 접은 분량의 절반 정도를 다시 바깥쪽으로 접는다.

**7** 접은 냅킨을 리본으로 묶어서 장식한다.

#. Sujikim's Tip

위생이 무엇보다 중요하므로 이물질이
묻지 않도록 주의한다.

수저와 포크를 어떻게 포장하느냐도 중요하지만 어디에 놓는가도 중요하다. 음식의 모양을 상하게 하지 않으면서도
도시락 전체의 분위기를 살릴 수 있는 위치를 고민한다.

# 끝나지 않은 도시락 이야기

강호동 도시락이 계기가 되어 이 일을 시작한 지가 글을 쓰는 지금 꼭 2년이다. 어떻게 여기까지 왔는지 지금도 실감이 나지 않고, 어떻게 그 2년을 보냈는지 잘 기억도 나지 않는다. 그저 앞만 보고 달려왔고, 많은 사람들이 관심과 애정을 보여줘서 하루하루 감사하며 살아왔다.

모든 일이 그렇듯 많은 시행착오를 겪으며 견뎌온 날들이기도 하다. 주문량을 감당 못해 너무 힘들어 울기도 여러 번, 고객의 항의에 사죄도 여러 번, 인간관계로 인한 좌절도 여러 번이었다. 강해지려고 노력해 온 시간이었지만 가족의 응원과 많은 사람들의 애정이 있었기에 오늘을 맞을 수 있었다고 생각한다.

도시락을 내 천직으로 삼기로 결심하면서 끝까지 지키자고 생각한 원칙이 있다. 도시락통을 제작하며 스스로 만족하고 고객들도 흡족해 하는 모습에 기쁨을 느끼지만, 아트 이전에 소중한 사연을 간직한 사람들이 먹는 음식을 만드는 일이라는 사명감이 더 우선이라는 것이다. 그래서 '음식 재료는 최고를 쓴다.'라는 원칙을 세웠다.

음식 재료의 대부분은 명동 작업실 앞에 있는 유기농 식재료 판매점을 이용한다. 어떤 날은 음식을 만들다 필요한 것이 생겨 앞치마를 두른 채 가게로 갔다. 재료를 마구 사서 계산을 하려는데 식재료를 사러 온 한 손님이 내게 물었다.

"어느 식당에서 오셨나요?"
"식당이 아니라 도시락 가게입니다."
"이런 유기농으로 도시락을 만드세요? 전화번호 좀 가르쳐 주세요, 주문할게요."

과일은 매일 새벽 청과물 시장에 나가 가격에 관계없이 단단하고, 싱싱하고, 잘 익은 것을 사 온다. 이젠 과일가게 사장님이 알아서 좋은 것을 챙겨 주신다.
샌드위치 만들 때 쓰는 빵은 서울의 모 유명제과점에서 싹쓸이 하다시피 한다. 계산대 위에 빵을 한아름 쌓아놓고 계산하려면 뒤에 서 있는 손님들 눈치가 여간 보이는 게 아니다.
음식을 만들며 화학조미료는 쓰지 않는다. 천일염과 올리고당으로 간을 하고, 재료 본연의 맛을 살리는 데 중점을 둔다.
이런 원칙에 계량할 수 없는 내 손맛이 더해져 유기농 도시락이 되는 것이다. 원칙을 지키려다 보니 식재료를 살 때마다 가격에 정말 '헉' 하고 놀랄 때가 한두 번이 아니다.

책 본문에 내가 '아뜨리에'라는 말을 썼을 것이다. 백과사전을 보면 아뜨리에[atelier]는 화가 · 조각가 · 공예가 · 건축가 · 사진가 등의 작업장이라고 나와 있다. 도시락 아트를 한다는 의미로 우리 작업실을 '아뜨리에'라고 부르고 있다.
지금은 전국 방방곡곡에 지역 아뜨리에가 있다. 이 아뜨리에 가족들이 없었다면 나는 여기까지 오지 못했을 것이다. 이 가족들을 꼭 소개하고 싶다. 닉네임으로 호칭하는 점은 이해 바란다.

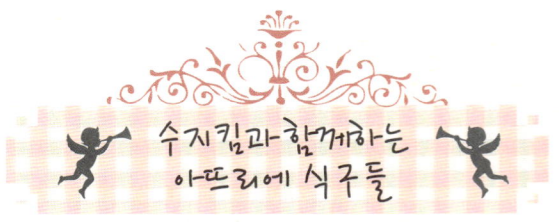

**동부이촌동 모리 아뜨리에** http://blog.naver.com/mori20 - 모리

모리 님은 맨 처음 나와 함께 수지킴 도시락 아트를 시작하였다. 잔잔한 성품에 우아한 모습으로 '종로 여성인력 개발센터'에서 수지킴 도시락 아트 강의도 하고 있다. 특히 결혼식 관련 도시락, 이바지 음식, 폐백음식 등을 눈여겨 보길 권한다. (010-8974-7764)

**안산 유진락 아뜨리에** http://blog.naver.com/gustnr8058 - 유진

유진 님은 정말 열정적인 상상력으로 발명을 하는 특별한 성품의 소유자이다. 뚜껑을 열면 음악이 흘러나오는 멜로디 도시락통을 개발했다. 수지킴 도시락이 시각, 미각, 후각뿐 아니라 청각까지 만족시키는 계기가 되었다. (010-5502-1351)

**수원 아침부엌 아뜨리에** http://blog.naver.com/mgs1230 - 아침부엌

수원에서 매일 열심히 수업을 받으러 올 정도로 근면성실한 아침부엌 님. 장아찌 담그는 게 특기이다. 매년 장아찌를 10가지 넘게 담근다. 수원, 오산, 동탄, 평택 분들의 많은 사랑 바란다. (011-9920-5410)

**전주 온더테이블 아뜨리에** http://blog.naver.com/hgsm486 - 감자엄마

의상디자인을 전공한 재능 많은 요리사이다. 천안에서 운영하다 얼마 전 고향 전주에 아뜨리에를 개업했다. 음식 솜씨 또한 예술이다. (010-4268-3987)

**대구 리틀마니 아뜨리에** http://blog.naver.com/maniyaife - 리틀마니

서울에 올라와 숙식까지 해 가며 경상도를 평정하겠다고 수지킴 도시락 아트를 배운 리틀마니 님. 진취적이고 적극적인 사고방식으로 영업 및 요리 자체에도 대충이 없는 근성우먼이다. 보험왕처럼 소개했지만, '음식 맛도 좋아예!' (010-6557-2117)

* 청주 지니 아뜨리에 http://blog.naver.com/kisses4415 - 지니

청주에서 일을 하면서 서울을 오가며 도시락 아트를 배웠다. 고속버스 안에서 쪽잠 자면서 말이다. 대학에서 식품영양학과 호텔경영학을 전공하고, 한식 자격증에 와인까지 섭렵한 유능한 인재이다. 우리의 다크호스 '청주지니 아뜨리에'에 많은 사랑을! (010-4856-7239)


* 구리·남양주 꿈비 아뜨리에 http://blog.naver.com/wide - 꿈비

이제는 친구이기도 한 꿈비 님은 굿타임 캠핑카를 운영하고 있다. 사실 나와의 인연은 굿타임 캠핑카로 시작되었다. 친분을 쌓다 보니 바느질 솜씨며 수놓는 일부터 퀼트, 인형 만들기, 십자수까지 손재주가 있음을 알게 되었다. 대학에서 복식을 전공하였다. (010-2020-1127)


* 용인·죽전·동백·판교 로사 아뜨리에 http://blog.naver.com/losa0329 - 로사

대학에서 디자인 전공을 하여 인테리어 매장 운영도 하였던 유능한 로사 님. 요리 솜씨 또한 뛰어나고 언제나 아침 일찍 와서 나를 도와준다. 항상 긍정적인 마인드로 아이들을 훌륭하게 키우는 성실하고 밝은 엄마이기도 하다. 키즈 도시락에 자신감을 보인다. (010-5107-2721)


* 부산 내이키친 아뜨리에 http://blog.naver.com/kimnavi10 - 나비

사회복지학을 전공한 선생이었지만 도시락 아트로 새로운 인생을 시작하겠다고 부산에서 서울까지 와 숙식하면서 도시락 아트와 감각을 배워 지금은 사랑의 도시락을 만들고 있다. 특히 나와 같은 팬클럽 소속이라서 팬심을 이해한다. (010-6238-9466)


* 포항 두리반 아뜨리에 http://blog.naver.com/duriban8092 - 매료

포항에서 매주 다섯 시간씩 새벽 첫차를 타고 올라왔던 아주 정열적인 매료 님. 현재 포항에서 아주 큰 피아노 학원도 운영 중이지만 모두가 말려도 도시락을 꼭 하겠다며 수강 중에 새로운 작품을 두 가지나 창조한 아티스트의 면모를 가진 인재이다. (010-7122-8092)

* 인천 마리 아뜨리에 http://blog.naver.com/dltndus0517 - 마리

인천 지역 도시락을 책임질 마리 님. 피부관리사 자격증까지 갖고 있는 걸어 다니는 백과사전. 언제나 우리 식구들의 궁금증을 법학은 물론 민간요법까지 알려 준다. 조카들이 많아서 항상 아이들 음식에 관심이 많고 쿠키를 잘 만든다. (010-9469-6890)

* 천안 에이프릴 아뜨리에 http://blog.naver.com/cocktaillee - 꽃님

천안 지역에서 새롭게 자리 잡게 될 꽃님 님. 연극을 해서 그런지 음색이 맑고 영롱하다. 유치원 교사였던 실력이라 손으로 만드는 것은 발군이다. 별명이 오리가미. 모든 계산 끝에 도시락을 하기로 마음먹고 유치원 교사라는 직함을 내려놓은 당찬 꽃님 님. (010-8442-6858)

* 성남 · 분당 · 수지 마루 코짱 아뜨리에 http://blog.naver.com/kjytss7576 - 마루코짱

김밥집과 잘나가는 쇼핑몰도 운영했다. 어쩐지 김밥 마는 솜씨가 대단하더라니. 유아식과 아이들 요리를 잘 만든다. 독특한 패션의 마루코짱 님이 이제 성남 · 분당 · 수지를 책임질 예정이다. (010-4522-3027)

* 일산 · 파주 Naya 아뜨리에 http://blog.naver.com/about30 - 사모님

아동교육학과를 전공한 뒤 피아노 학원을 운영하다가 접고 도시락의 길로 접어든 사모님. 본인이 하고 싶은 일은 꼭 하고야 만다. (010-6833-5529)

* 일본 한즈키친 아뜨리에 http://blog.naver.com/naoandji - 나오짱

일본에서 앞으로 수지킴 도시락 아트를 널리 알려 줄 나오짱. 지난 번 입국하여 만들기를 배우고, 나고야 방송국 촬영까지 도움을 주었다. 현재 일본에서 한국 요리를 일본인들에게 가르치고 있다. 원래 성악을 전공하였지만 남다른 요리 솜씨로 일본을 사로잡고 있다.

* 구미 프린세스 아뜨리에 http://blog.naver.com/apfhdrldus (010-5895-5852)

* 울산 세라 아뜨리에 http://blog.naver.com/dlguswh2997 (010-8467-2997)

* 광명 비비안 아뜨리에 http://blog.naver.com/kkh6840 (010-4237-6841)

* 대전 컬러 아뜨리에 http://blog.naver.com/hoho7952 (010-9012-5322)

* 수지킴 도시락 아트 쿠킹 스튜디오 (본점)

서울시 종로구 팔판동 137번지 1F
070-4149-8554

* 수지킴 유기농 가정식 밥상

서울시 종로구 삼청동 62-10
010-4337-6383 (가맹문의)

* 수지킴 take out 도시락아트 카페 (1호점)

서울시 종로구 원서동 141번지 1F
02)747-0008
가맹문의 010-8784-1605(박주한실장님)

## ■ 수지킴 take out 도시락아트 카페

* 수지킴 take out 도시락아트 카페 목동점 (에스맘의 수제도시락)
http://blog.naver.com/ydiane

* 수지킴 take out 도시락아트 카페 신촌점 (짱하의 수제도시락)
http://blog.naver.com/janga1006

* Lovely J (오픈예정) http://blog.naver.com/ac2077

* 데이지코코 (오픈예정) http://blog.naver.com/daisycoco55

# ■ 지역 아뜨리에에 더해 명동에서 함께하는 식구 소개

## * 유미

나의 어릴 적 소꿉친구. 작가.

나와 함께 명동 본점에서 아뜨리에 관리와 독특한 도시락 디자인 창작, 분위기 메이커를 담당한다. 특히 전국 아뜨리에 식구들과의 융화에 탁월한 능력을 보여 수강생들이며 아뜨리에 식구들 모두 작업실에 들어서자마자 '유미 언니'를 찾게 만든다. 앞으로의 활약이 기대되는, 서로 의지하는 친구이다.

## * 화수기 (일명 브레인 & 오퍼상)

우리 수지킴 도시락 아트의 브레인.

십수 년을 일본계 무역회사에서 근무하여 필요한 천이며 부자재 수입 시 아주 큰 도움이 되는 인재. 꼼꼼하고 세세하여 우리에게 꼭 필요한 회계 담당.

## * 쿠밍 (도시락 아트 담당)

둘째 딸이기도 하지만 수지킴 도시락에 없어서는 안 될 존재이다. 연예인 도시락의 그림을 담당하고 있고, 그밖에 블로그 디자인, 명함 디자인 등등 미술 쪽 관련 일이라면 뭐든지 잘할 수 있는 자랑스러운 만능 엔터테이너.

## * 림훈 (둘째 딸의 친구)

미술 솜씨 좋은 딸의 친구. 천재라고 불리며, 해부학 쪽으로 빠삭하다. 가끔씩 도시락 일을 도와 샤이니 태민, 장근석 피규어를 만들었다.

이상이 나와 함께하는 식구들이다. 이들이 있어서 나는 든든하다.

혼자서 시작하여 여기까지 왔습니다. 이제 모든 아뜨리에 식구들과 함께 더욱 맛있고 예쁘고 착한 '수지킴 도시락 아트'가 되겠습니다. 독자 여러분 감사합니다. 마지막으로 개그맨 허경환 스타일로 마무리하겠습니다.

"도시락이 이 정도 생겼으면 아트라고 불러도 되잖아!"

# 01. 이심, 전심, 팬심!
# 조권 도시락

모든 팬분들이 그러하듯이, 스
타의 건강에서부터 스타의 품격
까지…….
참 대단한 팬심이다.

많은 팬들이 있다.

아이돌을 좋아하는 십대팬, 오빠팬 삼촌팬 누나팬 이모팬 등…….
나의 휴대폰에는 다양한 층의 팬분들이 단골로 자리하고 있다.
그중 수지킴의 단골 베스트를 손꼽자면
김형준, 박재범, 조권, 유노윤호 등의 많은 팬분들이다.

그중 베스트 오브 베스트는 조권의 이모님팬들.

"우리 귀니 ~~~"

모든 팬분들이 그러하듯이,
스타의 건강에서부터 스타의 품격까지…….

참 대단한 팬심이다.

이렇게 챙겨 주고 사랑해 주는 팬들이 있어 우리 한류 스타들이 세계에서 인정받고 사랑받는 것이라 생각된다. 이런 팬심이 기본적으로 바탕이 되어, 한류문화가 세계 속에서 인정을 받고 한국을 알리는 힘이 되었으리라.

한류문화의 원초적인 힘의 근원은 바로 팬심이라는 것을 잊지 말아야 할 것이다.

스타는 팬들의 사랑을 먹고 산다. 그리고 팬들의 사랑이 스타를 더 크게 만든다.

## 02. 아트 도시락의
## 계기가 된
# 비스트 도시락

나의 멈추지 않는 상상력과 추진력은 일회용 도시락 케이스를 아트로 거듭나게 만들었다.

비스트 '뷰티 창단식' 때문에 팬분들이 부탁한 도시락을 만들 때였다.
매일 들어오는 주문에 어떤 스타일로 비스트 창단식을 빛나게 해줄까?
하고 고민하고 있던 때였다. 그러다 문득 아이들 방을 치우다 무언가를 발견했다.

"어?? 이거?? 뭐지??"

책상 위에 가득 놓인 비스트 맴버들의 그림이었다.
우리 둘째 딸은 비스트의 광팬이자 이기광의 광팬이다.

"학교 숙제인데 자기가 좋아하는 것을 팝아트 식으로 작업해 가는 거라서…… 헤헤."

자신이 좋아하는 것을 그려서인지,
그런 딸이 그린 그림은 실로 예술이었다. 매일 들여다보는 기광, 두준, 준형, 요섭, 현승, 동

운…… 그들의 얼굴이니 얼마나 잘 그렸을까 생각해 보라.
그때 내 코끝이 찡할 정도로 스쳐가는 무언가가……반짝했다.
"바로 이거야!!!!"
작업실로 달려가 도시락 뚜껑을 들고 아이 방으로 뛰어 들어왔다.
"여기다가 이걸 붙여 보자!"
"엄마 이거 숙제예요……."

아이 숙제를 빼앗아서 도시락 케이스에 바로 부착,
결국 그날 딸은 비스트 도시락을 만든다며, 학교도 가지 않고 도와주었다.
이렇게 어찌하여 탄생한 도시락이 바로 스타들의 얼굴이 그려진 도시락이다.
나의 멈추지 않는 상상력과 추진력은 일회용 도시락 케이스를 아트로 거듭나게 만들었다.

## 03. 콘셉트 도시락의 시초!
# 유노윤호 도시락

왕자님의 도시락은 어땠을까?
하는 의문점에서부터 시작하여
황태자 도시락을 완성하게 되
었다.

도시락을 만들면서 팬분들의 마음을 헤아려주는 일, 그게 바로 내가 할 일이라 생각한다. 비
가 억수로 퍼붓던 2010년 가을 추석 즈음.
"이번에 유노윤호가 궁에서 황태자역을 맡아 도시락 서포트 하려 합니다."
전화 한통. 도시락 시작한 지 얼마 되지 않아 처음으로 뮤지컬에 들어가는 도시락을 부탁받
고는, 뭔가 팬분들의 마음을 유노윤호 황태자님께 전해 주고 싶은 마음에 고민을 거듭했다.
'궁……궁……궁…….'
'궁??'
'궁!!!!!!'
느낌이 왔다! 뮤지컬에서의 유노윤호 역할처럼 정말 황태자 도시락을 준비하는 것이었다.
왕자님의 도시락은 어땠을까? 하는 의문점에서부터 시작하여 황태자 도시락을 완성
하게 되었다. 정말 내가 만들고 나서도 너무나 신통방통했다.

뮤지컬 이미지에 맞춰 만든 도시락 케이스, 음식들……

그리고 폭발적인 반응.

그렇게 유노윤호 황태자 도시락부터 시작하여, 콘셉트 도시락이 탄생하게 되었다.

그후로 가수들의 컴백 앨범 콘셉트 도시락, 뮤지컬 도시락, 드라마 도시락 등
많은 도시락의 역사가 시작되었던 것이다.

# 수지킴의 도시락 아트

**초판 1쇄 발행** 2012년 11월 15일
**초판 2쇄 발행** 2013년 04월 10일

**지은이** 수지킴
**엮은이** 이유미
**사진·일러스트** 민정혜

**펴낸이** 김연홍
**펴낸곳** 아라크네

**출판등록** 1999년 10월 12일 제2-2945호
**주소** 121-865 서울시 마포구 연남동 224-57
**전화** 02-334-3887  **팩스** 02-334-2068

**ISBN** 978-89-92449-99-1  13590